高效工作者的
問題分析與決策

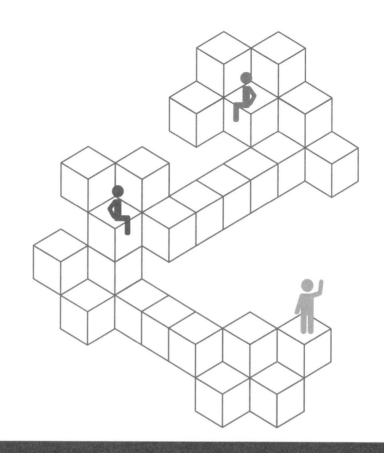

彭建文

PJ法

Judgement

Problem

PJ法創辦人
彭建文 ___ 著

世界級的企業這樣子解決問題，透過PJ法的
「步驟＋工具表格＋思維＋心法」，快速提升解決問題的能力！

目次

4

推薦序　一本創新又兼具理論和實務的好書

中原大學工業與系統工程系教授／**江瑞清**

　　個人和讀者同好們一樣懷著很愉悅又振奮的心情，終於盼到彭建文老師的 PJ 法著作出版問世。本書必然會是企業組織不可或缺的一本管理鉅著，也是推動持續改進（Continual Improvement）活動的有價值工具書。個人也特別高興能有機會，在建文老師的學習和研究生涯中，及企業實務經歷上的時空背景和他有所交集互動。

　　不論是 TQM（Total Quality Management；全面品質經營管理），還是 ISO9001 在 2015 年改版後，均重點目標談到顧客為重（Customer Focus）和持續改進（Continual Improvement）。

　　持續改進的活動，可以具體有效的提升顧客滿意度、提高品質水準、提高流程效能、企業競爭力等；改善成效的高低好壞，深受領域專業（Domain Knowledge）、改善手法及改善方法的整合度所影響。

　　改善手法有日系的問題解決程序（Problem Solving Procedure；PSP）、課題達成型（Task Achievement；TA）、8D（8 Discipline）、F8D（Ford 8 Discipline）、G8D（Global 8 Discipline）、Six Sigma（六標準差或六希格瑪）、KT 法（Kepner&Tregoe）、Work-out（合力促進）等；在具有深厚的學理素養、多年嚴謹的世界級公

司歷練、長期不斷的自我精進，彭老師已融合上述各種改善手法、並詳細分類定義問題、整合成有系統性邏輯的 PJ 法。

本書中訂定了八大步驟，各步驟應執行工作項目，可搭配運用的方法和工具，使 PJ 法有一完整性、系統性、邏輯性的解決問題的步驟，有效學習並解決問題，除了有力法之外，尚須有心法（Mindset）和標竿學習（Benchmarking）的案例。

在心法方面，本書涵蓋了 PJ 法的核心邏輯和思考法，可以讓我們在解決問題時有心又有力，心力合一圓滿完成專案。本書後半段著重在如何有效解決問題的案例分享，可以在巨人肩膀上成長，在推展改善活動方面可參酌如何持續推動改善活動，建置有機體的改善氛圍和平臺，是一本具創新又兼具理論和實務可操作執行的好書。在此特別強力推薦！

推薦序 提出對策有效不遺漏，大幅改善工作效益

采鈺科技公司總經理／辛水泉

　　企業經營要成功，持續改善是重要的課題之一，不論是產品或服務的效能、品質的提升，成本下降都需要不斷改進，才能讓一個企業從 A 進一步到 A⁺，並且經由深入探討問題，提出根本扎實的解決方案，定能拉開與競爭對手的領先差距，長久處於不敗之地。

　　討論持續改善邏輯與方法的書很多，建文提出的 PJ 法融合了他個人專業知識與深入見解、在企業內推動持續改善活動的豐富實務經驗，以及授課中累積的多樣經驗，在邏輯與工具的使用上有獨到的看法，幫助讀者在使用改善工具時能夠有系統、全面的分析問題，探討真因無死角，提出對策有效不遺漏，大幅改善工作效益。即便使用在個人生活改善，也有莫大助益。

　　與建文共事數年，欣賞他在工作的投入與負責的態度，本書的內容不僅協助讀者學習與熟練改善工具的使用，建文也分享他在企業內多年寶貴的工作經驗，諸如勤作筆記，經常反省改進；觀察主管做事方法，取長去短，消化成自己的工作習慣，這部分也是寶貴的成長經歷，讀者亦不妨參考學習，必有收穫。

　　建文專書問世，樂於為文推薦！

推薦序 **從解決問題的過程中發掘樂趣與成就感**

大人學共同創辦人／**姚詩豪**（Bryan）

　　說到「問題分析與解決」，我腦海裡想到三個故事。

　　美國通用汽車曾經收到一則非常離奇的客訴：他們旗下的龐帝克新車對「香草冰淇淋」過敏。

　　有位車主開車去買冰淇淋的時候，只要選擇香草口味，車子就必定發不動。但如果買其他口味，車子就沒問題，屢試不爽。車主甚至試過，一開始買香草冰淇淋，回到車上發現發不動，然後回到店裡換成其他口味，車子就能順利發動了。這個離奇的案件原本被通用忽略（其實可以理解），直到有位工程師透過鍥而不捨的分析與追查，終於真相大白：當然跟車子對冰淇淋的偏好無關，而是因為店家剛好把最暢銷的冰淇淋（也就是香草）放在櫃臺，方便顧客快速取用結帳。而該款車輛在熄火後，因為某些物質的堆積，會短暫讓引擎無法發動，若車主買其他口味，由於結帳時間較久，堆積物有足夠時間消散，引擎就可以順利發動了！

　　第二個故事則來自《羅倫佐的油》這部真人真事改編的電影。

　　羅倫佐在六歲時被診斷出一種極罕見疾病：腎上腺腦白質退化症（ALD）。這種疾病會阻斷大腦訊號傳輸，讓患者陷入癱瘓。醫

師告訴羅倫佐的父母，這病無法可醫，這孩子頂多活到八歲。但羅倫佐的父母不願就此放棄，他們是完全沒受過醫學訓練的文科生，為了自己的孩子，拚命投入這個病症的研究，並且舉行相關的研討會，最後研製出一種食用油脂，能夠減緩病症。羅倫佐後來在過完三十歲生日隔天逝世，比醫師預期的壽命多了二十二年！

第三則是我自己的經歷。

童年時期，我是在傳統日式木造房子裡長大的。這種房子最大的問題，就是每到下雨必定漏水，而且水不是一滴一滴的流，而是像「絲絹瀑布」一般流洩，往往還不只一處。所以每當下雨，我都會跟爸媽一起準備水桶接漏。但有時候漏水處剛好在床鋪或餐桌的正上方，那挑戰就更大了，老爸會找塑膠布做成一道「天溝」，引流雨水到別處，然後再用棉線把天溝流出的水導引到水桶。雖然家裡看起來「溝壑縱橫」，但把漏水對生活的影響降到最低。

有一次遇到辦公室冷氣流出冷凝水，技工要好幾天後才能來維修，於是我想到小時候的做法，成功解決問題，同事看了覺得很神，一個天天穿西裝打電腦的商業顧問，竟也有臺灣水電工的技能！

我們都期望一個完美有秩序、沒有意外、不會脫序的人生，但我們也知道這是不可能的，生活與工作幾乎天天都會出現無預警的挑戰和阻礙。對於多數人來說，「問題（Problem）」就是麻煩，避之唯恐不及。但是對於擁有「問題分析與解決」能力的人來說，「解決問題」這件事不但能引領創新（通用汽車做出了更好的設

計）、扭轉命運（羅倫佐長到了成年）、改善生活（我在漏水屋子裡一路考上建中與成大）。甚至，我們還能從解決問題的過程中發掘美妙的樂趣與成就感（我解決了辦公室漏水危機）。很多時候，事物本身不存在好壞，而是取決於我們看待它的角度。

我會大力推薦建文這本書給所有想積極面對問題的讀者，原因有三：

1. 他本身是國內知名的問題分析與解決專家，一直以來就專注投入這個領域。不但透澈了解既有理論，還能融合自己的經驗自創出新的方法論，也就是本書主幹：PJ 法！

2. 我個人最佩服的企業（沒有之一）就是台積電，我也曾深入台積電內部擔任顧問，越近看越是佩服他們實事求是、理性掛帥的文化。建文本身在台積電服務多年，而且正是負責「問題分析與解決」的要角，這本書能夠一窺世界一流企業的核心思維與分析技巧，非常難得。

3. 我認識建文多年，我覺得他是那種「天生就該當講師」的人。首先，他分享給學生的，都是他自己真心相信並切身實踐的精華。面對學生的提問，他總是恨不得把他所有知道的好東西全部攤出來，希望你學會帶走。這樣的人寫的書，不可能藏私，只怕讀者沒能細細品嚐。

期待各位跟我一樣，從閱讀本書的過程中，不光學到知識技巧，也領會面對問題時該有的正向態度！

被喻為現代管理學之父的管理大師彼得杜拉克曾提到：在企業管理上最重要及最困難的並不是計算出正確的答案，而是找到真正的問題。放眼當今世界上各產業表現優異的公司，絕大部分皆是由透過找出真正的問題，並提出最適合的解決方案，使得這些公司的競爭力所向披靡。

因此，職場工作者若想要在職場上表現出優越的工作績效，成為真正能為企業解決問題的專業人士，進而在職業生涯上平步青雲，那麼培養問題分析並迅速做出明智決策的能力，絕對是人生中最不可或缺的技能之一。

我與建文老師相識多年，兩人也合作過很多成功的專案。很高興建文老師從過去在工作上所累積的優異實戰經驗，加上多年來在兩岸授課的輔導心得，建立了這一套系統性的問題解決方法論。此方法論透過問題定義與分類的手法，再經由 8P 步驟的思考程序，提供了一套最實用且有效的即戰力培育法。

本書不僅適合初入職場的社會新鮮人，也適合各企業有心提升團隊績效的管理階層，因此我極力推薦此書給所有希望為提升臺灣產業貢獻心力的讀者。

世界知名半導體公司智慧製造部門主管／David Jin

不懂解決問題，哪來一帆風順？

您想成為解決問題與決策的強手嗎？您想從單點思維擴展到全系統思維嗎？您想從反覆救火，問題不斷再發的迴圈中跳脫嗎？

如果您受夠了，真想突破慣性，身為心流教練，鄭重推薦您此書！

品碩創新管理顧問資深夥伴教練、顧問講師／侯安璐

近年有幸貼身與建文老師深度合作，協助多家知名企業建立改善制度與文化，一開始，我很驚訝為何客戶對建文老師如此「充分信任」、「深度依賴」與「持續遵循」，個人近身觀察多年發現主要原因在：

1. 精準的工法力；2. 創新的對策力；3. 完整的邏輯力；4. 熱情的變革力。

此「精、創、完、熱」四個關鍵力量，在建文老師的新書中，將為大家一一解開神祕的面紗，千萬不能錯過！

前展顧問總經理暨品碩專任顧問／郭仲倫

如果無法避免問題發生，我們就要學習好「問題分析與決策」的能力。因為，拙劣的問題處理過程，所帶來的災害常比問題本身更為嚴重。閱讀本書不要死背，要應用到生活上，越實踐越熟練，和別人能力的差距自然顯現。

品碩創新管理顧問專任顧問／陳伯陽

面對現今高度競爭與快速變動的產業環境中，如何才能持續保持公司的競爭力，其中解決問題的能力，就是一個重要的關鍵因素。

有一句話是這樣說：問題總有一天會被解決，但是時間會解決一家公司。所以企業除了要具備問題解決的能力之外，解決問題的速度，也會決定這家公司是否能繼續生存下去的另一個關鍵因素。

大部分的工作者在解決問題時，都是靠個人過往的工作經驗，來主觀判定問題所發生的真因，但大部分的結果都無法一次性的就把問題解決，進而拉長了解決問題的時間，相對的，公司所造成的損失也就越來越大。

而 PJ 法就是一個具備系統性與邏輯性解決問題的方法論，透過 8P 的步驟，一步一步來解析問題，同時也跳脫個人工作經驗的框架，有效提升解決問題的效率與效益。

在現今高度競爭與快速變動的產業環境中，究竟企業最需要的會是哪一種人才呢？就是要具備系統性與邏輯性解決問題能力的工作者。想要成為工作職場上的佼佼者，學習 PJ 法就是你最佳的選擇。

振鋒企業股份有限公司總經理／林衢江

碰到客戶反應的問題，大家都知道要趕快投入資源解決問題，但在遇見彭老師之前，在過去的岱稜會出現以下幾種狀況：

1. 解決問題的工程師或產線主管，都是用過去的經驗來解決問題，但大家的經驗不同，解決的方式也不同，經驗也難以有系統的歸納及做經驗傳承。
2. 很多問題需要跨單位來共同解決，但跨單位未有一致性的目標。
3. 因問題經常性的再發，因此老闆常抱怨，工程師們的問題解決能力不足，邏輯能力不足。

針對以上的三個問題的結果，就是問題重複再發，並沒有找到真因，跨單位互相推卸責任，客戶的抱怨還是不斷，大家都很努力很忙地在解決問題，但實質上並未對公司產生顯著的正面的效益。但這些狀況，在遇見彭老師的四年後：

1. 解決問題有統一的方法論及步驟，全公司對於問題解決的溝通語言一致，問題解決變成一種日常管理的思惟，持續改善的文化在岱稜已經紮根。
2. 組成跨單位的團隊，解決關鍵而且難解的客戶問題，追求當責的態度及顧客滿意提升。
3. 有一套問題解決能力養成的訓練模式，以及提升邏輯能力的具體作法，可以更快速的養成問題解決能力，及培養公司問題分析解決專家。

想知道世界一流的半導體大廠是如何解決問題的，這些經驗又是如何被複製在岱稜集團這四年的改變中，答案就在彭建文老師的新書中。

岱稜集團總管理處副處長／**蔡宜芳**

「問題分析與解決」的能力，是職場工作者的核心競爭力之一。建文老師一直是「問題分析與解決」的專業課程講師與實踐者，課堂上以淺顯易懂、有系統、有邏輯又帶著實用工具，再用上熱情、用心與用新的表達與傳遞，深受各企業學員喜愛與運用。現在把他的多年經驗轉化在著作上，相信一定是職場工作者最快提升「問題分析與解決」的能力的必備寶典。

佳格投資（中國）有限公司人力資源處處長／**方惠民**

過去幾年，一直認為公司同仁在處理問題時，都是用「經驗」來解決問題，在同事的推薦之下認識了彭老師，他把這個問題分析與決策的系統性方法論導入我們公司，雖然這是一條長遠的路，但我相信這條路是對的！

企業導入一套系統性問題分析解決的方法論，讓同仁解決問題可以有系統性邏輯性，讓公司在解決問題上有共同的語言，並且提升公司的軟實力！

僑力化工總經理／林建瑋

令人驚嘆！精彩不來自文字堆疊，而是作者以多年積累的經驗，憑藉不斷鑽研的精神，創造出 PJ 法，文中運用深入淺出的方式，引領我們融入這套工具，讓我們在進行「問題分析與解決」時，更能精準掌握問題核心，進而解決關鍵議題，提升整體專案效率！

頎邦科技資深專業經理／ Jessica Lee

在專職訓練發展工作約十年的歲月中，我開過最多的一門課，就是彭建文老師所教授的「問題分析與解決」，而且幾乎所有學員在課後都會給予相當高的評價，現在得知老師不吝將他在此領域的心血匯集成書出版，真是所有職場工作者們的一大福音！

英業達股份有限公司資深課專員／ Jennifer Yu

為什麼要有一套解決問題的系統性方法？對個人而言，是邏輯的養成，也是確保在解決問題的過程中能夠面面俱到，對症下藥。對組織而言，是共同語言的建立，運用得宜更能避免團體迷思的發生。很高興看到彭老師把課程上的精華集結成書，不管你是否有上過課程，只要能按照步驟進行分析，相信對個人與組織都將大有助益！

Asia Pacific Breweries Singapore/ People & Organization Development Manager ／ Jessica Chao

早上陪小女兒寫數學作業，她正在學如何解柱狀體的表面積，她抱怨說：「為什麼只給半徑？不直接給圓面積就好了？」我突然在想，我們從小都是在學習解決問題，但我們很少探討「什麼是問題？」，更別說了解「問題的本質」是什麼？PJ法是建文老師把過去的實務經驗結合8D的方法，教你從問題的本質找出根本原因，進而徹底解決問題，這套方法幫助我優化院內計畫審查工作流程，縮短了15%的時程，真心推薦給想改變困境的你。

花蓮慈濟醫學中心研究部專員／**藍陳淯**

我與建文兄合作也有十來年經歷，這些年在大陸的合作更是火熱，在身為兩岸培訓機構負責人，在面對客戶的人才發展與生產品質經營事項，問題解決一直是最必需且迫切的，然而在廣大學問中，能夠把8D問題解決模組運用在實務與操作面，大概就以建文兄的這個方式。因此和建文兄在大陸許多知名企業一同做8D培訓與諮詢輔導，也是基於這個基礎延伸。本書難能可貴的用文字上的傳遞，就把建文兄在問題解決的功力與經驗，透過核心說明、邏輯建構、思考方法與工具運用，把每段步驟深入淺出灌入讀者每次閱讀經驗裡，而不只是閱讀一份精闢的解說，更是能把方法活用到職場的工具書。

本書值得閱讀，更值得收藏，最重要是值得一看再看，學習品味每個步驟帶來的運用，不論是在想像中解決問題，或是在複雜情境中思考問題，都可如開頭所提，會運用PJ法，人人是精英。

泰爾盟/太毅國際華東區總經理／**林忠志**

第一次聽到PJ法的印象是台積電內部訓練員工解決問題的方法之一，再聽到時是發現有課程公開班可以去上，基於好奇心報名了，很多人質疑：「醫師工作這麼累了，沒事還去上這個課，有必要嗎？」

事實證明，用科學思維有邏輯、有策略、有步驟的去解決問題，比起頭痛醫頭、

腳痛醫腳的方式，更能看清事情全貌、直指核心，並掌握和修正調整解決問題的步驟。

對我來說，上一次課扎根真的不夠，有了書可以再翻閱複習，就像是有問題隨時可以 Google search 一樣！

中國醫藥大學新竹附設醫院╱**黃郁純醫師**

這是我想對讀者說的一段話：你知道嗎？原來，我們每天口中所說的「問題」，其實都不是「問題」！

是否你也經常在花了很多時間跟努力後，聽到「你根本沒解決到我的問題」這樣的話。在接觸 PJ 法後，深深的了解，能夠藉由一系列的步驟，有系統的進行「問題」本身的定義與描述，並找出真因與對策。

如果你每天都需要面對「問題」，如果你的任務是解決「問題」，相信學習 PJ 法可以幫助你成為高效解決問題的達人！

松果購物股份有限公司營運總監╱**楊珮君**

本書內容針對問題提供一套系統性的解決方法，此種以簡單的邏輯就做出有效的建議，可以看出作者深厚的實務經驗，大多數的品保手法都太過制式，實用性都不高，但是作者卻可以靈活運用這些手法，最厲害的是，給出一套系統性的建議，邏輯越簡單就越容易被使用。本人與作者共事十數年，對於他致力鑽研解決問題的手法深為感動，希望作者可以繼續堅持初衷，並樂見續集的來臨。

美光科技資深處長╱**蔡元誠**

企業最佳人才培訓方案，就是養成人員思考及問題解決的能力。本書以問題解決的八大步驟為基礎，帶著讀者領會其所應對的邏輯及每一步驟中思考重點，透過這些方法來訓練及鍛鍊企業人才，將有助於企業面對多變的經營環境。

順德工業股份有限公司人力資源處處長／**楊玉玫**

彭建文老師是我認識多年的好朋友，他在問題分析與解決上的專業是有目共睹的。這次搭配在台積電的多年實務經驗，加上十年來兩岸授課與輔導的經歷，研發出了 PJ 法，協助企業更有效率的解決問題，這本關於 PJ 法書籍的出現，相信對很多企業都是福音，值得珍藏。

昱創企管顧問有限公司總經理／**裴有恆**

認識彭老師已有十多年，他在台積電累積了多年持續改善和問題分析的經驗後轉換跑道至今，仍然在協助企業做持續改善和問題分析與決策的課程培訓和輔導，就我所知，有多家企業被彭老師輔導將近十年，可以說是一起成長，更聽說有學員給彭老師取了一個「8D 之神」的外號。

彭老師的新書，是一套系統性的問題解決方法論，從如何發現問題、如何描述問題、原因分析及對策思考，都有其相對應的工具、心法和思維邏輯，可以說是彭老師在海峽兩岸多年輔導經驗的顯現，相信對於讀者在解決問題的能力、效率和效果上會有絕對的幫助，我願意推薦這本書給大家。

兩岸博合創新科技執行長／**李偉正**

「PJ法」就是職場人必備的工作能力!

職場工作者都明白,「問題解決的方法」是工作上最重要、最有價值的能力。不過明白者眾多,不知如何做的可能更多。我認識彭建文老師,他的高效能工作者的問題分析與決策方法,簡稱「PJ法」。假使你學會了,將會具體幫助你在遇到任何問題上,做有效有層次的抽絲剝繭的找到問題根本,並提供最佳解決方法。我真心推薦每一位職場工作者,都應該把這套「PJ法」變成工作必備的能力,這樣將會讓工作更順利、快速、正確。

SmartM 世紀智庫執行長/許景泰

問題分析解決能力,是從初生嬰兒到國家領袖每個人都需要具備的能力,也是企業培訓的重要課題。建文老師在問題分析解決的實務跟教學經驗豐富,授課深入淺出,深受學員歡迎和肯定。PJ法融合了福特 8D 以及台積電的實務,再加上建文老師的獨特看法,相信可以帶你看清問題,並用創新方法解決問題!

兩岸知名企業創新教練/周碩倫

彭老師擅長問題分析與決策能力。這個能力,人人都需要。

常聽到人問:「我該不該買房?」

沒有能力自己分析問題並提出決策的人,其實都還不適合。

有個父親的兩個女兒,用其退休金出國拿博士,兩千萬退休金剩兩百萬,七旬夫妻終日惶惶。如果他們當初懂得把「女兒要求支付念博士費用」做出正確的問題分析與決策,絕不會有此下場。

方寸管顧首席顧問/楊斯棓醫師

PJ法是問題分析與決斷（Problem Judgement）的縮寫，透過PJ法及工具，可以幫您發現問題、定義問題、解決問題，最終突破問題，成為職場贏家。剛好又呼應了彭建文（PJW）老師的英文縮寫，PJ，Win！

上市公司頂尖講師顧問及簡報教練／王永福

在工作上，我們經常得在有限時間的壓力下解決問題，單純的狀況或許憑著經驗法則行得通，更多時候會遭遇卡關的窘境。
PJ法是透過一套系統邏輯的方法論，依循八個步驟運用適當的工具方法，再複雜的難題，都能精準的剖析，有效率的解決。

華聯生物科技品質管理處處長／陳柏安

彭建文老師以其極為豐富的科技業背景與實戰經驗，加上幽默風趣又能與生活案例結合的教學模式，真的是一位令我非常佩服且值得學習的講師。如今建文老師將其經驗彙整成書造福大眾，PJ法是彭建文老師多年來設計的一套系統性的問題分析與決策方法，包含如何發現問題、描述問題、原因分析以及對策思考的工具心法與思維邏輯，身為建文老師多年好友的我，極力推薦有心想要在職場闖出一片天的讀者入手這本書，這將是你職場升級必備的工具書。

創新管理實戰研究中心執行長／劉恭甫

建文老師豐富的學經歷以及對自身的要求甚高，同時又能夠將艱深的理論化為簡單的內容教學，並且以許多實務經驗著證，本書內容絕對值得閱讀，每個章節背後付出的心血，以及經歷多少課程學員、專案實務的「千錘百鍊」，絕對是一本禁得起考驗並且能夠成為問題分析與決策方法行業指標的「聖經」！

天長互動創意執行長／劉滄碩

身為企業戰士，我們都在打怪。「怪」就是每天出現的問題，你戰無不勝還是節節敗退？你是解決問題還是被問題解決？你需要這本打怪寶典。彭建文老師以多年厚實功力，為你準備完整武器與操作手法，一學就會。一本在手，變身高手；學會 PJ，怪獸吃鱉！

作家、企業講師／**火星爺爺**

工作中經常遇到事與願違的突發狀況，通常我的第一反應是先憑經驗判斷找到解決方法，或者立刻找相關領域的前輩請教，但往往頭痛醫頭、腳痛醫腳，類似的問題總會一再發生，以至於頻繁處在救火狀態，難根絕後患。

這樣的場景您熟悉嗎？ PJ 法是一套清晰的思路流程，只要熟記八個步驟，就能夠讓您跟團隊在面對問題時穩住陣腳，不只解決表面病症，更要抽絲剝繭對症下藥根治問題，這套方法論是彭建文老師融合國際知名的工具與台積電的本土經驗，更符合臺灣的讀者群，千萬別錯過。

言果學習創辦人／**鄭均祥**

自序　**人人會 PJ 法，個個是菁英**

　　面對每一階段的角色與任務，無論喜歡與否，都必須正視並解決每一次任務所遭遇的困難與挑戰，才能一次又一次累積小本事，在一次次「小」的累加之後，終可加總成「大」的能量，因為成功沒有「奇蹟」，只有「累積」。

　　證嚴法師面對煩惱有四他：面對他、接受他、處理他、放下他。我個人深受啟發，因為只有勇敢面對並解決問題的人，才有可能逆轉勝，而且「本事」沒有那麼困難擁有，所謂的本事，只是解決每一次問題所累積出來的高度而已。

　　試問諸位，想在自己的場域成為有勇、有謀、有力的菁英嗎？想成為同儕眼中獨一無二的菁英嗎？想成為主管心目中唯一的救火菁英嗎？

　　如果你的答案是「No」，那麼，我書中所談可能無法直接幫助你。

　　如果你的答案是「Yes」，那麼，我接下來要談的 PJ 法就值得你細細領略。

　　什麼是「菁英」呢？我認為「菁英」必定具備很強的邏輯思考能力，因思路清晰，問題便無所逃遁，自然容易找出解決問題的良策，通常我稱這種能力為「問題分析與決策能力」。

　　然而，「問題分析與決策能力」是與生俱來的嗎？還是可以

藉由步驟的習得而晉身菁英之列呢？我認為與生俱來或許有之，但總歸鳳毛麟角，換言之，透過工具或方法的後天習得才是相對多數，因此，學習一套有系統、有方法、有步驟的問題分析與決策能力，就顯得非常重要了。我將這套自我創發的武功祕笈稱為「PJ法」，我非常確信，只要大家能夠好好學習「PJ法」，必定可成為善於「問題分析與決策」的「菁英」。

為何我敢這樣大言不慚的推薦「PJ法」呢？因為我在各企業中推廣並執行「PJ法」已行之多年，凡事能夠藉不斷練習「PJ法」並將其落實於工作者，不管是主管或是下屬，皆給予極為正面的肯定與回饋，這在在說明「PJ法」能夠藉由步驟拆解抽象的思考邏輯、能夠化平凡為菁英。

那麼，到底什麼是「PJ法」呢？簡言之，「PJ法」係一套全面性、系統性、可行性的問題分析與決策方法：

PJ法精神：PJ法（步驟＋心法）＋使用正確工具

PJ法嚴謹度：思考模式瞻前又顧後＋問題處理邏輯步驟化，因此，問題解決可以層層遞進直搗核心。

PJ法數據化：從蒐集數據、分析資料、找出真因、驗證對策，讓數字會說話。

倘若個人能夠習得「PJ法」，那麼，問題分析與決策的能力必然向上攀升，同儕、主管必定可以感受個人大幅成長的曲線。倘若企業端能夠導入這套方法論，企業將形成持續改善創新的企業文化，而且不管是個人能力的提升或是企業文化的形塑，都在客戶端

施行「PJ法」後，得到改變成功的實例。

因此，人人會PJ法、個個皆菁英，企業會PJ法、個個皆卓越！

　　其實，多年以來，一直想撰寫「系統性問題分析與決策」方法論的夢想未曾間斷，只是礙於個人資歷尚淺、積累能量未達勃發之境，故每每只聞樓梯響，不見人下來。經過這些年來回於二岸三地之間、出入問題分析與決策以及創意思考的相互辯證，終得以將所學與實踐的成果付梓出版，一方面圓了自己多年的夢想，另一方面更期盼PJ法得以為職場人士帶來些許的幫助。

　　這本書的完成，首先我先要感謝我的夥伴教練侯安璐老師，在整個書的製作過程中，有幸能夠得到安璐老師的協助，讓我得以完成我的新書內容，在取名字的時候、新書內容的構思、每一個章節的架構，安璐老師也協助提供非常多的點子。另外也要謝謝我的特助Eva在寫書的過程中，不斷幫我處理文書的部分以及圖形的表達。另外我要謝謝我的父母親、我的太太妙昇，以及我兩個可愛的小朋友翊程跟聖珉，謝謝他們的支持，讓我沒有無後顧之憂的去追求我的夢想！

　　最後也謝謝這幾年來所有我授課或是輔導的企業跟朋友，謝謝你們，沒有你們課程跟輔導的需求，就不會產生那麼完整的PJ法。更要感謝在職場上受過台積電公司10年多的洗禮與學習，沒有台積電的經歷，就不會有PJ法的誕生。

0-0　如何閱讀此書

　　整本書的內容，主要是在說明高效能工作者的問題分析與決策的方法，也就是「PJ法」。這個方法裡面有八個步驟，每一個步驟還有一些小步驟，在每一個步驟裡面，你會學習到一些工具，因此針對不同的讀者，你可以按照下面提供的方式來閱讀此書，對你的幫助會更大。

・ **職場年資五年以下的人**
　　如果你進入職場不滿五年，可以朝下面兩個角度學習：
　　1. 先單獨學習PJ法的8P步驟，讓這些步驟先成為你問題分析與決策的習慣。
　　2. 單獨學習本書內的所有工具，當你在職場上遇到問題時，你可以單獨利用本書的一些工具來解決這些問題。

・ **職場年資五年以上的人**
　　如果你進職場已有一段時間，可以照下面的方式閱讀此書：
　　1. 先熟悉PJ法裡面的8P步驟，再熟悉每一個步驟裡面的小步驟，讓所有的步驟成為你問題分析與決策的思維邏輯。
　　2. 學習每個步驟相對應的工具，並且拿一個實際案例，透過8P的步驟與相對應的工具，一步一步去解決你的問題。

- **在企業內推行**

　　如果你是一位企業內推動持續改善文化或問題解決的相關同仁，你可以按照下面的建議去閱讀此書：

1. 你可以找一群人，先熟悉 PJ 法裡面的步驟跟工具。
2. 把工作上實際遇到的問題，要求這一群人試著按照書裡面的步驟跟工具去解決。
3. 解決完之後，找相關的人分享這個解決問題的過程。
4. 如果成效不錯，你就可以再找另外的一群人，利用上面的方法，慢慢的把這些解決問題的步驟跟工具，推行到其他相關的人員。
5. 最後你可以把這些方法跟步驟，讓它成為公司內解決問題的共通語言，並且訂定一些制度，讓公司可以形成持續改善或持續創新的一種文化。

0-1 為什麼問題分析與解決方法論那麼重要？

為什麼問題分析與解決這麼重要？

大家都認為「解決問題」很重要，因此過去教學時，我都不會在這部分著墨太多。只是某次在科技大廠授課時，我問了學員這個問題，意外發現學員寫出了很多他們認為解決問題的重要性，整理了 20 點如下：

1. 避免重複發生相同的問題。
2. 不解決此問題會導致該功能無作用。
3. 沒有好的分析，就沒有好的解決。
4. 解決後產品才能量產。
5. 問題分析方向錯誤，會導致結論嚴重錯誤，知道方向卻沒有好的解決方案，也會很可惜。
6. 人一生會一直碰到問題，如何在短時間內精準分析，就可以為自己創造更多時間。
7. 解決更深的問題。
8. 往對的方向前進。
9. 常遇到問題時，最怕不知道方向，也沒有解決方法，所以了解問題的根源並解決是很重要的。
10. 提升工作效率。

11. 使用系統性方法，讓解決問題花費的時間縮短。

12. 使問題永遠不再發生。

13. 有效的解決問題可以減少時間浪費、人力消耗與成本花費。

14. 可以洞悉事情的重點、問題點及發想點。

15. 可以加快解決問題的時間。

16. 方向錯誤會無法解決，浪費很多時間，嚴重的話會產生另外的問題。

17. 人生、生活和工作，處處都是問題，歸類和變簡單能夠有效解決。

18. 要解決問題，就要先分析問題，找到真正根源的原因，才能有效達到解決。

19. 理解問題之邏輯並分析，將其運用於各種事情，加速解決。

20. 讓工作更順利、快速、正確。

　　日本著名的管理學家大前研一曾經提過，提升即戰力的三個關鍵能力：**語言力**、**財務力**與**問題解決力**，所以解決問題能力是二十一世紀職場人士非常重要的能力之一。每個人從出生開始懂事以來，你就會遇到很多的問題，可能是生活上或是工作上的問題，所以每一個人無時無刻都在解決問題。

　　另外，前台積電董事長張忠謀先生曾說：「經理人最大的責任是在於知道方向、找出重點以及想出解決問題的方法。」

　　過去幾年在我擔任兩岸的問題分析與解決講師跟顧問的經歷

中，企業最常培訓的課程，以排名來看，問題分析與解決的課程絕對會在前三名。這顯示了不管時代如何變遷，在培訓的項目中，問題分析與解決的課程依然是企業最重視的能力。

為什麼問題解決力的培訓那麼重要呢？那是因為大家在解決問題的時候，都很習慣的用自己的專業跟經驗來解決，就算當下問題解決了，過一陣子又會再度浮現。又或者你問他問題是如何解決的，對方説出來的解決方法與邏輯總覺得怪怪的。更慘的是，有些人的經驗與專業都不夠，那麼解決問題就更慘了。

過去我在台積電工作時，體會到「問題是智慧的迷宮，探索問題才能獲得新知」，這一句話的意思要鼓勵大家主動去發現問題。在解決問題的過程中，不斷的練習方法論，加上你個人的專業與經驗輔助，你就會不斷獲得新的知識，當然也會不斷的成長。

當你解決問題的能力增強，代表你對公司的價值越來越高，相對的，你的職位也會越爬越高。所以你想成為職場上的強者，提早養成問題分析與解決方法論的思維是非常重要的。現在的職場非常殘酷，問題也相對比以前更複雜，如果你用過去的思維解決現在的問題，只會越來越辛苦，你不解決問題，時間會把你解決掉。

那麼何時需要一套系統性的問題解決方法呢？

我常説，簡單的問題可以用經驗來解決，但是複雜度較高且困難的問題，就需要遵循一套方法論來解決問題。

另外，如果你自認為你解決問題的邏輯不夠強，你更需要學習

系統性的問題解決方法。

在組織或團體內，如果想提升整個組織或團體的績效，讓每個成員都有共同的語言，那麼我會建議公司導入這套方法論，它可以成為公司非常堅強軟實力的持續改善文化。一開始導入的時候效果可能不是那麼明顯，幾年後企業就會發現，有導入問題解決方法論的企業都是更加茁壯與成長。

0-2　你在職場上常犯哪些解決問題的錯誤？

　　大部分的人在解決問題時，喜歡依靠個人經驗與專業判斷，常常會發現問題解決了，但是後續又有其他問題發生。所以你解決掉的可能不是真正的原因，或者只是看到了問題就直接思考對策。

　　這樣的情形大家是不是很熟悉呢？我常常喜歡在企業培訓的課程中問大家一個問題：「大家在解決問題時常常犯哪些錯誤？」幾分鐘後就可以收到學員各式各樣的答案，或許這些是他們的切身之痛，所以寫起來特別有感，其中常見的答案有：

1. 頭痛醫頭，腳痛醫腳。
2. 慣性思維處理問題，陷在既有框架中。
3. 常會怪罪時間不夠而無法好好分析與解決問題。
4. 常看到問題就直接想原因或對策。
5. 對策不夠創新或缺乏副作用的分析。
6. 上面主管叫你做什麼專案，就毫不思考的埋頭去做。
7. 問題解決不久後，又再度發生。
8. 沒有方法，沒有工具，都靠經驗。
9. 有使用方法、工具，只是經驗或主觀意識凌駕在方法、工具之上。
10. 官大學問大，老闆說了算。

11. 描述問題不夠全面，很想一下子就全面性解決問題。

　　針對前面的錯誤，大家可以想一下，如果是你，你會犯哪些錯誤呢？如果你犯的錯誤很少，那麼恭喜你；如果犯的錯誤比較多，那就很麻煩了，你可能上班都被問題追著跑。

　　另外，由於我常年輔導企業的問題分析與解決的專案，能更深入看到問題分析與解決的錯誤，而且不管企業的規模大小，或是產業別的不同，普遍的錯誤幾乎都很一致，例如：

1. 驗證缺乏説服力強的客觀數字。
2. 問題的對策，都是大家耳熟能詳的對策，比如：加強教育訓練、加強宣導、導入自動化、增加人力等等，看不到很有創意的對策。
3. 整個問題解決的過程，沒有把利害關係人找進來討論。
4. 喜歡解決比較簡單的問題，對複雜的問題都不會主動解決。
5. 問題的原因探討跟對策探討，還是用自己的慣性思維想出來的。
6. 原因跟對策沒有全面性探討。

　　這些錯誤的發生，其實是可以用方法與工具來解決，當然也需要解決問題的一些新思維，這裡所指的新思維，倒不是指「全新」的思維，而是提供給你不同的解決問題思考方向，進而避免這些錯

誤的發生。

　　另外很神奇的是，上述這些錯誤，大部分都可以藉由一套問題分析與解決的方法論來解決，這並不誇張，而是這套方法論經我這幾年的實證，已經有不少職場人士與企業見證過，效果都非常好。

　　在此也提供給職場人士，看看自己得到幾分，請參考「**附錄1：常見問題分析與決策症狀評量表**」幫自己做測驗，有沒有都犯了問題分析與解決的一些常見症狀？如果真的有也不必擔心，只要循序漸進依照書中的步驟與方法，就可以慢慢的一一調整過來。

　　另外，我也特別設計了一張「**附錄2：PJ法問題分析與決策能力量表**」，可以運用在閱讀本書之前與之後，幫自己的問題分析與決策能力做個前後評量，讓自己的學習更上手！

0-3　如何培養解決問題的新思維？

　　當我們解決問題的時候，總是習慣用過去的方法與思維來達成目標，當然效果有限，就算真的達成目標，相信也不會維持多久。真正解決問題的新思維，是從結果來思考最佳方法的思考模式。

　　和大家分享一個自己輔導企業的小故事。

　　有一家公司的人資部門，最近幾年都有一個頭痛的問題，就是要如何「提高新人面試人數與報到率」，分析後發現，「新人面試人數」始終不足，平均僅需求人數的 1.3 倍，而「新人報到率」也偏低，平均只有 45%。

　　這個問題已經嚴重影響人資部門的信心，也造成面試成本的浪費，錄取後未報到，就必須反覆面試，造成人力調度吃緊、加班時

數攀高、生產產能受限，進而影響公司的業績。

　　過去公司的人資部門，都是習慣性的用過去的方法與思維來達成目標，他們認為是外部就業市場的結構產生變化，影響求職者的任職意願，而他們最常實施的對策，是花錢尋找好的招募管道與持續強化公司的形象，也就是他們還是習慣於從方法到結果的思考模式。這種思考模式效果始終有限，就算真的達成目標，相信也不會維持多久。

　　在這個過程中，我也看得出來人資部門的無奈，即使你真心想解決問題，卻依然受到習慣做法的影響而無法順利解決，而且有些問題可能無法用常用的習慣方法來解決。

反向的思考方式：從結果到方法

　　從結果到方法的思考模式，有兩種方式。

【方式一】先針對問題做問題分析、目標設定、原因分析，最後根據原因來選擇最有效的達成方法。

　　建議企業設立一個專案，採用方式一來解決「如何提高新人面試人數與報到率」。

　　深入問題分析發現，每一個招募管道的履歷數均未達需求數，報到率以「建教合作、離職回任」最高，其次為「親友介紹」。錄取後未報到的原因，經過分析發現，未報到的新人都未接電話，因此無法知道原因，還有就是對方已經找到其他工作以及公司距離家

裡比較遠。

問題分析後接著原因分析，**而這個步驟的原因發散，是打破思維框架的重要關鍵。**

經過原因分析後，我們有重大發現，原來造成面試數偏低的真正原因是「工作與福利不具吸引力」與「不知道公司有缺人」，而造成報到率偏低的真正原因是「薪資不如預期」、「面試過程感受不佳」與「報到準備資料繁雜」。

這些的原因分析，讓大家真正了解到，不要只靠直覺或經驗來分析，只有佐證資料才能說服別人。

接下來我們需要針對每一個真因來思考對策。過去大家習慣針對一個真因思考一到兩種對策，而想出來的這些對策，也都是過去所知道的對策，沒有任何創新的做法，其實他們都很用力去想，但就是想不出來。

我常說，如果過去這些對策有效果，問題還會不能解決嗎？就是因為過去這些做法的效果有限，所以問題才沒有解決。

因此我要大家打破思維的框架，**針對每一個真因，思考五個以上的對策，而且要運用創意的工具或技巧，來協助你想出有創意的方案。**

其中有一個對策的思考，就是運用標竿學習方法，然後改良一下，就可以形成你的創意，簡單的說：「**借用＋改良＝你的點子**」。

對策就是「強化招募廣告之工作說明」，我要大家去參考其他產業招募廣告的工作說明，是否有些是我們可以參考的？過程中，

我們也重新盤點並分類列出各項福利，然後增加各組工作內容的具體介紹。

另外，我們也針對「面談流程」與「面試直接通知錄取與否的流程」等進行優化調整。

對策實施後，「新人面試人數」從需求數的 1.3 倍，大幅成長到 5 倍，而「新人報到率」也從原本的 45％提高至 80％。

而且這個創意根本都沒有花費任何成本。事後同仁都說，這麼簡單的創意，為什麼過去我們都沒有想到！

其實理由很簡單，就是大家都習慣過去的做法，不習慣反向的思考方法，因此只要能夠跳出框架，要想出好的創意解決問題，真的不難。

【方式二】要達成目標或任務，最好的方法會是什麼？

我在講授「創意思考」相關的企業內訓課程時，都會丟一個問題問學員，就是如果一個問題要在一小時內想出 200 個點子，我要學員去思考有哪些方法可以達成此目標？

大家的想法都是在公司裡找部門同仁來腦力激盪，於是我便接著問大家，還有其它方法嗎？還有其它方法嗎？結果得到的答案都是只有這個方法，也想不出其他的方法。

從這個問題就可以發現，大家的思維框架都圍繞在公司的部門同仁，因此大家都還是習慣從方法到結果的思考模式，而不是從結果到方法的反向思考方式。

上面的任務是，一個問題要在一個小時內想出 200 個點子，有哪些方法可以達成此目標？要達成目標或任務，最好的方法又是什麼？

除了在公司裡找部門同仁腦力激盪外，當然還有幾個方法可以試試，例如把部門同仁擴大到公司全部同仁、Facebook 的社交功能、Line 的社交功能、可以與萬人馬拉松活動合作收集點子、可以與萬人橫渡日月潭活動合作收集點子……等等。

想像一下，Facebook 的社交功能點子，如果你的 Facebook 有 1800 位朋友，你把你的問題寫上去，然後增加一點誘因，鼓勵 Facebook 的朋友寫下他的點子，我相信要在短時間收集 200 個點子應該不難才是。

從這個例子發現，當我們在解決問題的時候，我們還是很習慣性用過去的方法與思維來達成目標，而不習慣用從結果到方法的思考模式，要達成目標或任務，最好的方法會是什麼？

如何培養解決問題新思維？

我們習慣性的用過去的方法與思維來達成目標，效果始終有限，就算真的達成目標，相信也不會維持多久。

真正解決問題的新思維，是反向的思考方式，從結果來思考最佳方法的思考模式。從結果到方法的思考模式，有兩種方式。

【方式一】

　　針對問題做問題分析、目標設定、原因分析，最後根據原因來選擇最有效的達成方法。

【方式二】

　　要達成目標或任務，思考最好的方法會是什麼？

　　如果你想培養解決問題新思維，成為解決問題的高手，不妨多試試從結果到方法的思考模式，然後多加練習，你也可以成為解決問題的高手，進而幫助你在職場加分喔！

第一章

跟強者為伍

跟強者學習問題解決腦

1-1 你解決問題有系統觀嗎？

如果大家解決問題時，能有一個系統觀，就會對問題有更全面的視野。

解決問題的四個思考層

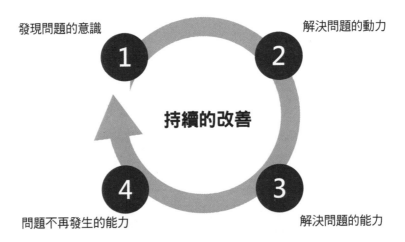

我認為解決問題有四個思考層，分別為**發現問題的意識**、**解決問題的動力**、**解決問題的能力**與**問題不再發生的能力**，從這四個能力面向，構成了解決問題的系統觀。

解決問題如果一直卡，很有可能是在這四個不同的思考層，各自有一些不順暢或不足的地方。我在企業內訓的時候，常常會問學

員，這四個思考層有沒有順序？

　　學員會有五花八門的順序，但是個人覺得正確答案只有一個，而且多數的學員會猜對。這四個思考層就如圖中的箭頭，如果這四種能力讓學員去表決，你哪一種能力最強？哪一種能力最弱？答案會依據個人的年資、產業等因素有所不同，但是最後有一個結論，位階越高，發現問題的能力越重要；位階越低，會覺得解決問題的能力跟問題不再發生的能力比較重要。但無論如何，對任何一位職場人士，最重要的還是發現問題的意識。為什麼有人能發現問題，而你卻沒發現呢？

　　接下來我來詳細說明這四個思考層。

1. 發現問題的意識

　　指的是是否能主動發掘問題，沒有問題才是大問題！我記得以前在台積電上班時，主管常說一句話，上班要帶頭腦來。這句話某個角度跟發現問題有關係，發現問題是一種能力，而這種能力需要積極培養！如果問題很多，主動辨識問題是否是現階段最需要被解決，對的問題（Right Problem）就變得更重要。

　　對的問題需以較高的格局來辨識，所謂對的問題，是指對組織、對客戶、對部門、對社會是否有幫助，對的問題還可以用時間軸、空間觀與立場不同型來辨識，例如：如果一個問題現在看起來是問題，但是一年後再來看（時間軸），它就不是問題了，這樣子的問題你會馬上去解決嗎？

2. 解決問題的動力

關於解決問題的動力，常常會聽到基層員工問我：「解決問題對我來說又不會加薪或升官，還有可能會增加我的工作量，我為什麼要解決問題呢？多一事不如少一事不是比較好嗎？」

這個狀況我認為，如果解決這個問題可以提升自己解決問題的能力，累積自己的經驗值，那麼這件事就是值得的！不諱言的說，組織的氛圍對解決問題的動力有很高的影響力，組織可以使用名或利來激發動力。例如我在台積電工作時，就感覺到公司內每個人解決問題的動力都非常強，歸咎原因，個人認為不外乎跟績效、成就感與榮譽心息息相關。

3. 解決問題的能力

這部分的能力是需要訓練與養成的。透過有邏輯、有系統、有步驟、有工具的方式，培養並鍛鍊自己解決問題的能力，每走過一次該解決問題的步驟與方法，一點一滴累積邏輯解題實力進入自己的血肉之中，隨著時間、隨著遇到的實務題目，解決問題的能力就會越來越強。

4. 問題不再發生的能力

如果解決問題的能力夠深厚，能夠找到真因，然後對症下藥，就不會只是頭痛醫頭、腳痛醫腳，問題就比較不容易再發生。若再加上問題解決後的流程管制與維持、日常管理的制度養成，問題發

生的機率會更大幅降低。

　　這個解決問題的系統觀，除了對個人生活與職場有幫助，對於人生的問題也有啟發。以實際生命課題為例，在外人看來很糟的情境，自己卻不打算挽起袖子處理，問題可能就是卡在第一個思考層（發現問題的意識），因為自己根本不覺得是問題，例如現況是「不開心」，內在設定值也是「不開心」，那麼在當事人認知中，這就不是問題。解決問題是要付出代價的，當事人不覺得是問題，自然不會要啟動解決問題模式。

　　再者，如果不對解決問題抱持希望與正向態度，通常就容易卡在第二思考層（解決問題的動力），這個部分牽扯很廣很深，可能是職場慣性、職場文化、自我慣性、生長環境等，也可能是看不到成功的方法步驟與可能性。

　　我覺得這是一個很好用也很實用的解決問題地圖對照，可以一下子看清楚在解決棘手問題時，還需要在哪些構面補足所需，或是調動什麼構面的資源來幫助自己，克服手上的棘手課題。總而言之，這是很好用的解決問題思考地圖，未來當你在思考任何問題時，不妨想看看，你正在哪一個思考層，哪一個思考層的能力最弱？然後針對最弱的能力，啟動你的 Action Plan，相信最後你一定能夠解決你的問題，成功沒有奇蹟，只有累積。

1-2 解決問題沒有具備這些要素，
你永遠無法跟強手並齊

怎樣成為解決問題的高手呢？是過去的勤奮與勤學苦練，還是依照過去成功的經驗，還是跟在高手旁邊學習，還是找到一個成功解決問題的要素，然後透過不斷努力，最後就可以跟強手並齊呢？

這讓我想起一段之前在台積電的故事，至今仍然令我印象深刻。我在台積電工作的第一個部門是生產管理部門，平常負責的就是如何讓生產線上的產品符合客戶的交期。部門內有一位主管很厲害，所以就成為我標竿學習的對象，因此他平常工作的一舉一動我都會特別觀察，有時候我也會利用時間向這位主管請益。記得有一年過年前，這位主管與家人正準備去日本度假，要出發的當天上午，他突然接到部屬的電話，說生產線昨天晚上發生產品嚴重的報廢，許多產品可能無法如期交件，到時候客戶可能會抱怨。

說到這裡，如果你是那位主管，你取消度假回公司協助處理，還是依然按照自己原訂的行程前往日本呢？我相信大多數的人應該會選擇按照自己的行程前往日本，否則就會有家庭革命。而這主管卻選擇前者，在出發的當天下午，他就出現在公司裡了。事後我問這位主管，為什麼他會選擇不去日本，然後回公司協助處理呢？他停了幾秒鐘後說，因為他把公司當作自己的公司在經營，而且如果客戶沒有立即好好處理，一旦轉單到競爭對手那裡去，我們的損

失會很大，到時候要再從競爭對手搶回來，我們要付出的代價會更多。但是日本之旅等事情處理完再去，在這個過程中損失不大。

聽完這段話後，深深佩服他處理問題的態度，而這個事件對我日後的工作影響非常大。

由於這幾年我常在兩岸企業授課與行動學習落地輔導，因此比大家更有機會認識到許多的高階主管。不知道大家會不會覺得位階越高，解決問題的能力越強呢？至少這幾年我接觸到的企業，個人覺得有正相關，也就是位階越高，解決問題的能力越強。我也常常在企業授課時問學員一個問題：「解決問題的能力如果要跟強手並齊，應該需要具備哪些要素？」從這些學員的回答與接觸這些優秀的高階主管，歸納整理出來的答案，跟我這幾年的觀察與輔導授課經驗幾乎不謀而合。

如果解決問題，你具備這七大基本要素，就可以與強手並齊：

1. 態度

我常說，就算你解決問題的專業強，邏輯也強，但是態度不對、不夠積極、不夠主動、不夠正面思考，就算能把問題解決，長遠來看解決問題的能力也不會提升。另外，批判性思考也是一種態度，遇到問題不馬上去解決，而是停下來稍微想一想：「對不對？」、「真的嗎？」也就是對任何問題都有批判性思維，擁有批判性思考習慣的人，反倒不會急著批判事情，而是在下定論之前，反向思考其他可能的原因。

解決問題的七大基本要素

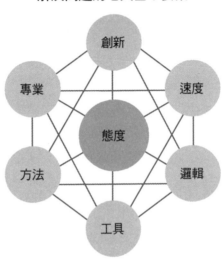

2. 專業

解決任何問題，一定要具備那個領域的專業或是具備基本的知識。如果你是設備工程師，你就需要具備基本設備結構的知識；如果你是資訊科技人員，你就需要具備基本寫程式的能力；如果你是業務人員，你就需要具備基本業務開發的能力。

一般的職場人士，專業知識都是從工作上學習，在現在這個時代，學習專業的管道非常多元，因此不怕你不學習，就怕你不努力。另外也請記得，在解決問題上，「專業」這個元素是非常關鍵的。

3. 方法

解決問題能力強的人,都有自己的一套方法,而且都已經融入自己的血液中。但是仔細了解這些方法後,幾乎跟 PJ 法一樣。PJ 法中有八大步驟,簡稱 8P,每個步驟還有小步驟,8P 建構解決問題的縱向步驟與流程。8P 方法以事實為基礎,不僅治標更要治本,各步驟的先後順序,可視問題的困難度及複雜程度而異,不必拘泥順序。8P 是一個思維,是一個工具,是一個方法,更是一種態度。

4. 工具

解決問題使用的工具非常多,例如:SWOT、層別法、流程圖、柏拉圖、3 X 5Why、魚骨圖、IS/IS-Not、關聯圖、TRIZ⋯⋯等等。只是大家在使用這些工具時,都先射箭再畫紅心,也就是說,你的內心可能已經有答案了,只是用工具呈現出來,這樣子工具本身的功能就沒有發揮出來。我會建議簡單的問題,可以直接用經驗來解決,但是困難的問題,建議使用工具的邏輯來解決問題。另外,當你知道更多解決問題的工具時,一旦遇到問題,你就會用最適合的工具來解決,活用這些工具才是最重要的。

5. 邏輯

常常會聽到有些主管說:「你的解決問題邏輯不對,應該是這樣才對。」或者說:「你的結論也怪怪的,怎麼會是這個原因造成這個問題呢?」所謂的「有邏輯」,是指原因和結論之間有著明確

的脈絡關聯，而非憑空將兩者硬湊在一起。已故的王永慶先生曾經說過：「**所謂的邏輯，就是追求一切事物的合理性。**」萬一遇到問題，應該要追根究柢。

在此分享一個小故事，如何訓練自己的邏輯能力。記得有一次我上完課程後，當天晚上與學員一起吃飯，我問一位高階主管，他如何訓練自己的邏輯能力？他說，在這 20 幾年的工作經驗裡，有兩個方法可以養成自己的邏輯能力，一個是每天問一個問題，然後去尋找答案，一年下來至少可以問 200 個問題以上；另一個是遇到問題，訓練自己舉一反三的能力。這兩個方法一開始訓練自己會非常辛苦，但是有目標的學習，短時間還看不出來能力，等時間久了，你的邏輯能力就會爆發出來。

6. 速度

過去我們花太多時間收集資料，太晚才開始思考，這樣並不是不好，而是這樣解決問題就會變得沒有效率。這個時代除了要把問題解決，還要比誰用最快的速度把問題解決，「假說思考法」就是能夠一開始就思考快速解決問題的方法。先針對問題，初期建立假說，然後實作，最後驗證。如果驗證效果不好，就在進行第二次假說，然後實作，最後驗證，以此類推。

根據個人經驗，「假說思考法」比較適用經驗豐富的職場人士使用，因為經驗不豐富的人，常常會建立好多次的假說，解決問題的速度也就不會快，甚至更慢。所以針對經驗不豐富的職場人士，

還是建議採用本書的 8P 方法來解決問題。

7. 創新

創新是跳出框框的思考，但光有一個新的點子不叫創新，真正的創新是指能將新點子具體實現的能力（不只要有想法，更要有做法），最後能帶來商業價值。創新不限於產品、技術的突破，它可以是策略、商務流程的改革，也可以是思考及做事方法上的不同，而且每一個領域都有創新的可能，每個人都有創新的能力。

曾經有一次與某企業的執行長聊天，他提到，30 年前當他是工程師的時候，就常常使用魚骨圖這個工具來解決問題；30 年後的今天，他已經當上高階主管，但是他們的工程師解決問題時，還是使用魚骨圖。並不是魚骨圖這個工具不好用，而是 30 年後的今天，問題已經比 30 年前還要複雜許多，是否可以用其他創新的工具來解決問題？因此解決問題還是要使用與時俱進的創新思維與工具方法。

要怎麼樣成為一個解決問題的高手呢？如果你具備以上這七大基本要素，就可以與強手並齊，如果你還不具備這七大基本要素，那就設定目標，從今天開始學習吧！成功是要付出代價的。

1-3 跟台積電學習「解決問題腦」

　　如果我問大家，你覺得臺灣哪一家公司的解決問題能力是值得學習的？我相信大家的答案之中一定會有台積電。

　　是的，台積電的問題解決能力跟能量真的非常強，很多人都說台積電會那麼厲害，是因為他們在找人才時就選了比較優秀的人才。但是台積電真正厲害的地方，在於整個公司的持續改善文化，以及解決問題的文化，而這也是值得大家學習的地方！就算是學歷不完美的人，進到台積電受過幾年的文化薰陶，我相信他解決問題的能力一定會大幅提升。

　　為什麼會有這樣的能量呢？那是因為台積電把整個問題解決的文化，落實到日常管理裡頭。我非常幸運在職涯中，受過台積電的很多訓練跟薰陶，當然在台積電超過十年的工作經驗中，也學到非常多的問題解決方法與工具，以下簡單說明過去我在台積電所學的基本功，分享給職場人士。

五招解決問題基本武功

　　在台積電工作時，進公司的第一份職務是生產管理，在生產管理工作的時間裡，我學習到許多生產管理與製造管理的相關管理知識，在此歸納我在台積電學習到的五招解決問題基本武功。

- 第一招：上緊發條的生產會議，落實每日執行力。
- 第二招：強化邏輯能力，學習主管的邏輯思考技巧。
- 第三招：200 分的準備，秒答學，好好學。
- 第四招：把日常工作做好是基本，做改善與創新的專案才是正道。
- 第五招：土法煉鋼去學習，勤寫筆記，回頭複習。

第一招：上緊發條的生產會議，落實每日執行力

我在公司的第一份工作是從事生產效率的生產管理部門，也就是所謂的 PC（Production Control）工作。生產管理有三大要點，三要點落實實踐下來，整體而言，就是靠著公司每個人的執行力！

1. 專人、專部門負責生產管制與管理。
2. 訂定重要的生產 KPI（指標如何訂定），就會影響工廠營運的方法，當然指標背後的數字更不能出錯。
3. 確保生產數字如期、如實達成，指標從年度目標設定後，會展開每月的目標，接著展開每週目標，最後到每天的目標。

有了這些元素後，長官就會利用不同型式的會議，用指標與目標來做管理，最關鍵之一就是生產會議，**利用每日、每週、每月、每季的生產會議來落實執行力**。

第二招：強化邏輯能力，學習主管的邏輯思考技巧

　　在生產會議上，長官幾乎都用指標與目標來做管理，記得有一次在生產會議上被問到：

　　長官：「昨天的出貨量目標是 100 片，為什麼最後只出貨 75 片？」

　　我：「因為昨天晚上有一個機臺臨時壞掉，所以出貨量目標就會變少。」

　　長官：「那你說，那個機臺壞掉幾個小時？」

　　我：「大約 3 個小時。」

　　長官：「機臺壞掉 3 個小時，最多少 20 片產出，所以 20 ＋ 75 ＝ 95，怎麼還少了 5 片產出？」

　　我：「昨天另外有一個產品因為品質不是很好，所以工程師花了一些時間去修理，這裡的時間消耗，會少 5 片左右的產出。」

　　長官：「那你去叫工程單位來解釋，為什麼這個產品要修理那麼長的時間？」

　　以上的場景，每天的生產會議都會出現，當然同樣的事絕對不能被念兩次，所以每天都在學習主管的邏輯思考技巧。而在生產會議上只要有問題沒有回答很完整，會議結束後一定要把問題查得清清楚楚，並且一定要在當天寄信件給相關主管。也就是今日的生產相關問題，當天下班前一定要處理完成，光是這一點，就可以看出公司超強的執行力文化。簡言之，生產會議上看數字差異問題應答，時間一久，自己的邏輯能力也會越來越強。

第三招：200 分的準備，秒答學，好好學

　　向主管進行任何報告前，一定要先想好主管會問哪些問題，並且想好答案，然後不斷的演練。也就是不論是開會還是簡報，一定要想遠一點，並模擬對方會問什麼問題，然後做 200 分的充分準備，而回答時的秒數也很關鍵。

　　如果是老闆問我們問題，例如諮詢我們的意見時，可以想個2、3 秒再回答。但如果是在盤問我們，而實際上又不是沒做的時候，建議要在 0.5 至 1 秒內就要回應，如果超過 2 秒鐘再回應，一般老闆就會認為你沒準備或是搞不清楚狀況，難怪呆呆的坐在那裡，支支吾吾的不知所措。

　　資料與報告的品質非常重要，一旦印象不好則翻身不易。這種功力的訓練，需要長時間累積，一開始當然秒答學的難度很高，多次開會或是簡報的次數累積之後，秒答學的功力就會大大增加。當然，任何數字背後的意義自己也要非常清楚，主管一問，也要用簡單的話術回答。記得有一次向高階主管簡報一個主題，我與直屬主管模擬了 20 個左右的問題，過程中當然是很辛苦，但是當高階主管問的問題都在我們的掌握之中，過程中的辛苦都是值得的，這就是快、狠、準的境界。

第四招：把日常工作做好是基本，做改善與創新的專案才是正道

台積電有哪些不錯的文化？我個人覺得太多了，除了執行力超強的文化之外（執行力、執行力、執行力），還有就是任何事情都強調系統性的問題分析與解決方法（同仁解決問題，都習慣用直覺或經驗解決問題、看到問題就想到答案，而不是用系統性的方法來解決）、追根究柢、數字化管理、不希望聽到「做不到」的言詞、遇到任何問題會先想別的公司怎麼做，我們應該怎麼做才能超越他們……。當然，還有整個公司沒有派系鬥爭，都是做事的文化，大家每天都在想如何把工作做得更好更棒，甚至要找對的事情來做，然後做到極致，最後做到世界一流的水準。

另外一個文化，就是把日常工作做好是基本，做改善與創新的專案才有績效，公司才會進步。也因為有此改善創新的文化，所以大家每年都在搶著做專案，找有價值的專案來做，然後時時刻刻都在思考，做此專案最後對部門或公司有哪些效益？因此會成立交流平臺，邀請相關的人一起參與，共同想一些專案來做，專案確認之後，就是使命必達，一定要完成，否則就自行處理吧！

我在生產管理部門工作了四年，一共完成了 15 個大大小小的專案，在專案計畫與執行的過程中，除了讓自己的視野更大之外，也學習到更多專案管理的技巧與方法，在部門與部門之間的溝通也更加順暢。更重要的是，也學習到一些資訊部門寫系統的邏輯能力，因為做專案在公司有一句口號，就是所有的對策實施一定要合

理化、標準化、制度化、系統化，最後是 e 化，所以資訊科技在專案中扮演了重要的角色。

而且公司的資訊科技人員還真的不少，跟其他科技公司比起來，台積電資訊科技人數的比例，根據這幾年我擔任講師顧問的觀察，應該在前幾名。

第五招：土法煉鋼去學習，勤寫筆記，回頭複習

我始終覺得做任何事情的時候，不要先去想可以帶來多少利益，或是可以如何投機。或許我不夠聰明，所以我只能土法煉鋼去學習，一步一腳印紮實的往上累積能量，就像火山爆發要累積一定的能量。我不知道我能不能像火山一樣爆發，但是我非常努力去累積能量，或許是笨，但是這就是我學習的方法。

勤寫筆記成為我學習的一種習慣，然後不斷的回頭複習，更能深化自己的能力。長官說過的話、觀察到的學習重點等等，我都會寫在筆記本上，寫筆記是件小事，但是從小事也能看出一個人做事的仔細程度及品質。

我在公司這十年來，共寫了二十幾本筆記，到現在我都還放在書房裡，偶而會看看過去的筆記，每次的學習都不一樣，當然這些筆記也成為我從事企業講師與顧問很重要的養分。

這五招的解決問題基本武功，再加上當時在公司其他部門的歷練，個人歸納在台積電工作的方式共有六種：

1. 講真話，直接有效的溝通。

2. 數位化管理，公開透明。

3. 講究方法，追根究柢。

4. 執行力，要求紀律。

5. 強調團隊合作，也注重個人績效。

6. 合理化、標準化、制度化、系統化、ｅ化。

當時在台積電上班時期，由於留下二十幾本的筆記本，再加上自己耳濡目染公司的文化，與主管的領導管理思維與技巧，個人體會出台積電的十個日常工作基本思維：

1. 要做世界第一。

2. 自問自答「為什麼」？

3. 聰明的工作。

4. 做對的事。

5. 把對的事做好做快。

6. 不希望聽到「做不到」。

7. 標竿學習。

8. 多站在客戶或主管的立場想一下。

9. 全員改善與創新。

10. 善用科技。

因此台積電的解決問題腦，個人認為至少有三大核心，就是由「ICIC」（誠信正直、承諾、創新、客戶信任關係）這四個價值觀，

加上六個工作方式，還有十大日常工作的基本思維，架構了一個非常強大的、解決問題全面的系統觀（請參考下圖的系統圖）。每一位職場人士只要依循這些工作價值、工作方式與工作思維，然後慢慢的力行到工作上，相信你的解決問題能力必定大幅提升。對公司而言，只要按照這樣的系統觀去推動，就會形成持續改善的文化，進而產生公司軟實力的競爭優勢。

台積電問題解決系統圖

價值觀	工作方式	工作思維
I 誠信 正直	講真話，直接有效的溝通	1.要做世界第一
	數位化管理，公開透明	2.自問自答「為什麼」
C 承諾	講究方法，追根究柢	3.聰明的工作
		4.做對的事
	執行力，要求紀律	5.把對的事做好做快
I 創新		6.不希望聽到「做不到」
	強調團隊合作，也注重個人表現	7.標竿學習
C 客戶信任 關係	合理化、標準化、制度化、系統化、e化	8.多站在客戶或主管的立場想一下
		9.全員改善與創新
		10.善用科技

第二章

問題的定義與分類

如果你對問題的定義都不清楚，
你就根本不用解決問題

2-1　不要連是不是問題都無法分辨

原來分辨「是不是問題」沒想像中的簡單！

問題！問題！只要活著就會不斷的遇到問題，或是不斷的要解決問題。當你一拿到問題時，你的第一步是什麼？馬上著手解決問題？還是好好思考一下，這是不是問題？

平日不管是在企業內訓或者是方法論輔導，這麼多年下來，深深的發現一件事：原來，確認是不是問題是大家一致的痛！

有非常多的人在問題分析與解決的第一關就有很有問題！因為分辨「是不是問題」沒想像中的簡單，大家都已經習慣看到問題就急著想要解決。

比如學員Ａ說機器不穩定是問題，那麼我就會問，為什麼機器不穩定是問題？學員Ａ接著會說因為是機器老舊，學員Ｂ則說是因為機器有問題。這個時候我會再問學員，這些答案是不是大家已經在探討原因了？大家的答案跳太快了，我只是想回到問題的原點，為什麼機器不穩定是問題？

當我講完突然教室一片安靜，然後有些學員才慢慢的討論：對喔！為什麼機器不穩定是問題？

另外一個例子是某企業同仁曾經提出的問題，他說目前公司人才短缺是問題。

這個時候我問全班學員，你覺得這是問題嗎？有些人認為是問

題，有些人則不這麼認為，認為這是問題的稀稀落落，只有少數幾位。怎麼會這樣？明明是同一間公司，竟然對同樣的問題有如此大的認知差異。

我請學員們重新檢視這個問題，運用以下兩個方式再看一次：

1. 目標是什麼？現況是什麼？儘量有量化的數字。
2. 整組討論後有一共識。

各組討論後，各自提出他們的討論如下：

- 第一組的答案：2018 年人員編製 18 人，現況 9 人。
- 第二組的答案：目前編制約為滿編的 70%，目標是滿編。

經過這些討論後，我再重新問一次，對公司而言，人才短缺是不是問題？竟然 100％都一致認同是問題了。為什麼經過以上的分析後，一開始認為是問題的只有少數幾位，重新分析確認後，就有 100％都一致認同這是問題呢？這之間的關鍵，就是大家沒有量化的數字來分析，都用主觀的意識或經驗來判斷，這是非常危險的，也是一般職場人士常犯的錯誤。

那麼何謂問題呢？

問題就是「現況」與「目標或理想狀態」的差距。

「問題」：現況與目標或理想狀態的差距

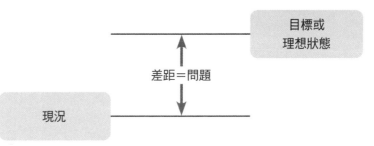

而這一句話有四個原則如下：

1. 現況描述要儘量全面。
2. 目標的高低決定問題多寡。
3. 目標的設定要合理。
4. 問題要達成共識。

所以任何一個問題，只要運用以上的四個原則，要辨識這是不是問題就變得相對簡單許多，一旦確認是問題，接著做問題分析與原因探討才有意義，時間才不會白白浪費。

所以請大家想想，重新盤點一下你在工作上處理的問題，真的是問題嗎？多花一點時間在問題的確認上面，最後你會發現，原來確認問題真的不難，而且還可以讓你的工作很有成就感。未來拿到問題時，千萬不要急著馬上著手解決問題。建議好好思考一下，這是不是問題？寧願在事前多花一點時間在問題的確認上面，也不要解決問題後才發現這其實不是問題。

2-2　發現問題的技巧

　　在職場上常常聽到一句話：「沒有發現問題，那就代表問題大條了！」或者是一家公司大家認為都沒有問題，其實相反，公司的問題可能很多很多。

　　你相信發現問題是一種能力嗎？而且這個能力是可以培養的，甚至這個能力是有技巧與方法的。

　　過去我在台積電的生產與製造單位時，每天早上都要跟主管開晨會（生產會議），在這個會議中，我們常常會隱瞞一些問題不讓主管知道，比如說昨天設備有故障，或是缺物料等等類似的問題。但是主管們的邏輯能力都很強，從我們前後報告的數字中，他就可以發現昨天在生產的過程中設備有問題，令人不得不佩服他們發現問題的邏輯很厲害！

　　我私下請教這些主管，他說其實發現問題的邏輯是有技巧跟方法可以學習的，因此請你看看你的同事們，就會發現有些人發現問題的能力很強，有些人就比較弱，這個差異來自於是否利用問題意識來發現問題，善用提問技巧，你就會發現很多問題。

　　在談問題分析解決之前，首先你要先有發現問題的能力，如果連發現問題都沒有辦法發現，那就不必談分析跟解決了。以下提供發現問題的十大技巧給大家參考：

1. 公司策略方針。
2. 部門目標。
3. 客戶要求、抱怨。
4. 品質問題。
5. 內部、外部、客戶稽核缺失。
6. 風險管理項目。
7. 標竿學習指標。
8. 工作不合理的地方。
9. 會讓你頭痛的流程。
10. 四大浪費點（人力、物力、時間、空間）。

大家可以試著用上述你比較熟悉的三個技巧，寫下二個以上工作上可能產生的問題（如下頁「發現問題表」）。檢視這些問題的現況跟目標是否有差距，這個時候你就會發現，其實發現問題真的不難。一次次利用這些技巧發現問題，久而久之你會找出對你最有幫助的技巧。雖然上面列了十個技巧，但只要能夠記住其中的二到三個技巧，然後不斷的練習，相信你也能成為發現問題的高手。

對我而言，我比較習慣從第三項客戶的角度、第七項標竿學習的對象與第八項工作不合理的地方等三大技巧，我簡稱為「CBU（Customer/Benchmarking/Unreason）」來發現問題。

一旦發現問題點，那麼你就會發現很多問題都有改善的空間，接下來就靠問題分析與決策的方法工具了。

發現問題表

技巧	可能的問題
部門目標	1. 部門的成本花費高。 2. 部門的人力太多。
品質問題	1. 客戶抱怨多。 2. 產品不新鮮。
工作不合理的地方	1. 每天都要去銀行。 2. 每天有開不完的會議。

2-3 問題有分類，解決問題的速度才會快

要快速解決問題，先從**問題分解**開始。

愛因斯坦曾説：「精確的陳述問題比解決問題還來得重要。」高德拉特也説：「幾乎所有問題，都是從現實了解開始，所以對現實的理解極為重要。」約翰杜威也説：「明確的將問題指出，就等於解決問題的一半。」

因此問題分析在解決問題中扮演非常重要的步驟，如果要快速解決問題，那麼「**問題分析與分解**」的方法就值得大家來學習。

幾年前我在一家企業，講授「問題分析與決策」，上過我的課程的企業，都知道我喜歡各組拿實際工作上問題，來演練問題分析與決策的方法。印象中有一組的演練主題為「提升公司員工的留任率」，選題的理由是因為之前平均員工的留任率為98％，後來下滑至92％，因此希望找出問題的原因，然後對症下藥。

課程進入「問題分析與決策的方法」前，我問這一組，針對這個問題，你們都用何種方法來解決問題，學員告訴我，他們會針對6％的下滑（98％－92％＝6％），使用魚骨圖或開會使用腦力激盪方法來找問題的原因，然後針對原因，再透過開會，大家一起找出對策。學員講完之後，我就對學員説：「你們不錯喔，至少解決問題是有步驟有工具的，而不是都是靠經驗或直覺來解決。」

我告訴學員，他們的方法中，有一個步驟忽略了，如果加上這

個步驟，解決問題的方法就會更有邏輯，而且還能快速解決問題，這個步驟就是「問題分析與分解」。學員聽完之後，眼睛簡直為之一亮，大家都非常期待接下來的課程。

接著我們以「為何員工的留任率偏低」來說明問題分析與分解的三大步驟。

· 步驟一：定義與描述問題。
· 步驟二：問題分解與差異分析。
· 步驟三：設定目標。

步驟一：定義與描述問題

用 5W2H 或 6W3H 方法來完整定義與描述問題。異常型問題用 6W3H，改善型用 5W2H，透過下面 9 個問項分析，有時候問題就會有新的發現與線索。

6W3H 分析法

1. 發生什麼問題？

2. 問題何時發生？

3. 在過去的歷史紀錄，問題第一次發生是何時？

4. 此問題是誰發現？

5. 影響哪些部門 / 人？

6. 問題在哪裡被發現的？

7. 問題發生的頻率？

8. 問題如何被發現？

9. 問題的影響層面多廣？

5W2H 與 6W3H 問項比較表

問項		改善型 5W2H	異常型 6W3H
What	1. 發生什麼問題？	✓	✓
When	2. 問題何時發生？	✓	✓
When	3. 在過去的歷史紀錄，問題第一次發生是何時？	-	✓
Who	4. 此問題是誰發現？	✓	✓
Whom	5. 影響哪些部門 / 人？	✓	✓
Where	6. 問題在哪裡被發現的？	✓	✓
How	7. 問題發生的頻率？	-	✓
How	8. 問題如何被發現？	✓	✓
How impact	9. 問題的影響層面多廣？	✓	✓

　　5W2H 與 6W3H 問項比較如上表所示，這裡舉兩個問項來說明如何快速找到一些線索。例如從 6W3H 的第三個問項：「在過去的歷史紀錄，問題第一次發生是何時？」從這一組的問題，我們發現在 2018 年 4 月之前，員工的留任率都在 98％，但是在 2018 年 5

月之後，員工的留任率就下滑到 96％，然後逐月下滑，資料分析後，我們就會發現 2018 年 4 月到 5 月應該有些變化，才會造成員工的留任率下滑，因此差異來自於變化，只要找出此變化的原因，問題就有可能被解決了。

又例如從第七個問項「問題發生的頻率」，經過一些資料分析後發現，從 2018 年 5 月之後，每個月都發現此問題。有時候也會分析出，只有 2018 年 5 月、6 月發生此問題，7 月之後就沒有發生。另外一個情況就是，2018 年 5 月、6 月發生此問題，7 月、8 月又沒有發生，9 月、10 月又發生此問題。以上這些問題發生的頻率，解決問題的邏輯就會不一樣。

步驟二：問題分解與差異分析

要快速解決問題，一定要掌握問題分解與差異分析技巧。所謂問題分解與差異分析，就是要使用層別法的概念，利用 80/20 法則來找出關鍵的問題，然後針對關鍵的問題來解決問題。

所謂的層別法，就是為一種分層別類的過程，將資料根據某種標準或變數加以分類，分別作問題分析的方法。

如果公司今天發生了一個問題，你可以很快的透過層別法的概念來思考，它將加速你抓住問題的核心方向，進而提高解決問題的成功機率。例如：這個問題是短期問題還是長期問題？是公司制度面的問題還是非制度面的問題？是人的問題還是非人的問題？如果遇到是人的問題，建議暫時不要去解決，因為有時人的問題不是在

短時間可以解決的，因此解決問題不能盲目行事，要先仔細思考，然後再動手解決。

　　從上面提的問題「為何員工的留任率偏低？」，我們來使用技巧一來分解問題，這個問題的指標是「留任率」，透過我們的分析，發現之前的留任率公式沒有包含新人三個月試用期的資料，後來這個公式有加入新人三個月試用期的資料，資料分析後問題就解決了，學員簡直不敢相信，結果大家還一直想把凶手找出來，到底是誰調整了公式，沒有告訴大家，讓大家白忙一場。

步驟三：設定目標

　　目標設定的高低，決定我們解決問題的幅度，當然也決定問題分解的廣度。例如：如果我們針對「為何員工的留任率偏低」的問題，目標設定 98%，經過公式的調整後是 96%，距離目標還有 2%，那我們還是必須再做其他的問題分解。如果目標設定 96%，經過公式的調整後是 96%，那就目標達成了。

　　我在工作上與生活上，常常運用問題分析與分解的三大步驟，解決問題的效果都非常好。

- 步驟一：定義與描述問題。
- 步驟二：問題分解與差異分析。
- 步驟三：設定目標。

這些步驟中的工具，6W3H 或 5W2H 與層別法，也可以單獨使用，尤其是層別法，對問題的分解，真的非常好用，無論多困難的問題，都可以快速拆解問題，進而解決問題。

問題分析與分解的三大步驟表

步驟	步驟內容	工具	思維
步驟一	定義與描述問題	6W3H 或 5W2H	差異來自於變化，只要找出此變化的原因，問題就有可能被解決。
步驟二	問題分解與差異分析	層別法 80/20 法則	資料根據某種標準或變數加以分類，分別作問題分析的方法。
步驟三	設定目標	將偏離的現況拉回平均值	設定目標要有邏輯，不能隨便設定。

第三章

PJ 法說明

系統性問題分析
與決策的方法說明

3-1　PJ 法說明

何謂 PJ 法？

P 就是問題（Problem），J 就是判斷／分析／決策（Judgement），也就是問題發生後，要先判斷它是不是問題，然後才做問題分析、原因分析，最後才做問題決策，進而解決問題，另外 PJ 法又取自彭建文老師英文名字（Peng, Jeng-Wen）PJ 二字母。此法專門提供各企業、專案人才的「高效工作者的問題分析與決策方法」。2013 年至今，「PJ 法 - 問題分析與決策」一直是兩岸企業指名度最高的課程。

最早接觸到系統性的問題解決方法，是我在研究所的時候跟著指導教授江瑞清老師學習，那時我就對系統性的方法論非常好奇。退伍之後進了台積電，在台積電內學到非常紮實的科學化系統性問題解決方法論：「福特 8D（Ford-Eight Disciplines Problem Solving）方法論」，而台積電的 8D 方法跟真正的福特 8D 方法論又不太一樣。

當時我對這一套方法論極為著迷，所以開始自告奮勇去學習，剛好公司正在大力推行 8D 方法論，後來有機會轉到品保部門，當了內部講師，講授 8D 問題分析與解決，在台積電內部也擔任持續改善專案的輔導員，因此對 8D 方法論打了非常紮實的基礎。

期間也自我進修學習六標準差（Six Sigma），這些學習極為

PJ 法─融合三元素

DNA
紮實的工業工程研究所
訓練＋貼身學習＋
10 年多台積電經驗

世界經典工具與方法
Ford 8D、6Sigma、
KT 法、QC Story、
其他著名改善工具

實務整合
近 10 年兩岸各大中
小型企業授課
＋輔導實務經驗

關鍵，讓我對方法論的邏輯，打通了任督二脈，我把這些學習到的方法論融合到我的 PJ 法內，最後形成自己的 PJ 法。

這套方法論是以世界知名的四個系統性問題分析解決方法（福特 8D、六標準差、KT 法、QC story）為基底，並融合了自身在台積電的實務經驗，再整合近十年兩岸授課輔導實務經驗，成就了這套獨特實務導向的系統性問題分析解決與決策方法。

這套方法不僅獲得企業客戶的高度認同，協助企業節省百萬甚至千萬以上的效益，更幫助眾多企業培育出不少具問題分析解決實務能力的人才。對職場工作者個人而言，學過這一套方法，會讓問題分析解決與決策的能力大大提升，解決問題會更有系統化，也更有邏輯性。

其實這八個步驟跟過去大家在解決問題上的邏輯類似。當你在

解決問題時，得先分析問題，分析完之後你會做原因分析，接下來就必須思考對策，再試看看這個對策的效果如何？只是 PJ 法把這些邏輯歸納成更系統性、更完整、更紮實以及更實用的方法論。

PJ 法有八大步驟，每一步都是解決問題的邏輯，按照這個步驟去分析問題、解決問題，就是所謂按步施工的概念。假設一個大的步驟裡有五個小步驟，總共就有四十個步驟，這四十個步驟就是非常清楚且詳細的邏輯，大家按照這個邏輯去嘗試解決問題，初期可能比較辛苦，因為它跟你過去解決問題的方法不太一樣，但是只要多練習就會熟能生巧，在方法論與工具的運用上行雲流水。

在企業培訓時，常常會被問到一個問題：這一套問題解決的方法論，有沒有產業的限制呢？

我的回答是：沒有。

各行各業中，我認為 PJ 法的方法論所談到的邏輯，是沒有產業的限制，只不過有些產業需要更嚴謹、更完整的方法步驟，某些產業只需要學習簡單的邏輯，就可以解決它的問題。

經過幾年的實證，這套方法論確實沒有產業的限制，對於企業、個人、團隊都非常的有用。這套方法論非常嚴謹，當然也可以非常有彈性，就端看你如何使用。

我常舉一個例子：我們過去在考駕照時，教練在練習場都是教我們看著記號，方向盤往左、往右打三圈，這是開車的公式。但是當你一拿到駕照，實際上路後，你照著公式就真的能開好車嗎？總是需要多加練習，才能應付路上的各種情況。

　　所以在學 PJ 法的方法論時，剛開始會先學習非常嚴謹的步驟、工具、思維，我都會建議每個人按照邏輯方法步驟，先一步步的分析問題、解決問題，當你對這個方法論非常熟悉時，這套方法論的邏輯就留在你的血液裡，一旦遇到任何問題，你一出招就是方法論或是步驟，已經深化到你的內心，此時是無招勝有招了。

3-2 系統性方法論（PJ 法）介紹：
完整方法 / 整合工具 / 建構邏輯

　　PJ 法有八大步驟，簡稱 8P（Procedure），是一個幫助你看全局的方法，問題要看全局，才不會有遺漏。

　　這幾年我觀察公開課的學員們，有經過 PJ 法訓練的學員們跟沒有學過的學員，表現出來的樣子真的不太一樣。受過 PJ 法訓練的學員，在解決問題上比較有系統、有邏輯，而且比較有自信，與人溝通較有效率，能善用資料以及數字來佐證他的問題分析與解決，也比較喜歡用工具來解決問題；而沒有受過 8P 訓練的人，遇到問題比較容易馬上出現情緒反應，並且都用經驗來解決問題，更嚴重的是在解決問題時，容易自我設限，沒有辦法跳出框架，也比較容易陷入單點思考，無法用系統性的思考法來解決問題。

未受 PJ 法訓練	受過 PJ 法訓練
· 情緒反應	· 比較有系統，有邏輯
· 單點解決	· 分析出來較能說服人
· 用經驗解決	· 系統化解決問題
· 容易自我設限	· 容易溝通
· 比較無系統性思考	· 比較自信
· 解題邏輯靠直覺	· 比較有整體觀

　　在系統性 PJ 法的邏輯裡包含兩項東西，首先 PJ 法裡面有一個完整的 8P 步驟，透過 8P 步驟可以建構解決問題的縱向大步驟，而每一個大步驟裡面還有小步驟，你應該朝這個步驟的思路，一步一步的往下找答案以解決問題。第二個是整合的工具可以橫向搭配問題分析解決的工具，把這些工具融入在 8P 的步驟裡面整合應用，每一個步驟都有自己的邏輯，以及這個步驟會用哪一些工具，每個工具都有它的實用性，而不是隨便亂用，依照所有步驟搭配工具，就架構成 PJ 法解決問題的邏輯。

　　當你熟悉這些手法與工具後，就可以依照這樣子的步驟邏輯作為解決問題的新利器。所以我把 PJ 法的八步驟當作骨架的縱軸，而工具就是骨架的橫軸，解決問題有骨架，加上這些步驟與工具的思維，就是骨架中的肉與髓，就建構了 PJ 法解決問題的嚴謹邏輯。

PJ 法 8P（Procedure）的「骨架、肉與髓」邏輯

**建構 8P
解決問題的邏輯**

建構邏輯分析思維習慣，在熟悉 8P 手法與工具後，更能依此思維邏輯，作為解決問題的利器！

肉與髓

整合工具

以方法為本，統合簡易、嚴謹實用的橫向問題分析工具，在 8P 內整合應用。

骨架—橫軸

完整步驟

透過 8P 步驟，建構解決問題的縱向的步驟與流程。

骨架—縱軸

　　當你遇到問題的時候，照著這些步驟跟工具使用，會發覺這是個嚴謹的科學方法，依照這個邏輯往下走，你在與別人溝通時的說服力就會提高。額外一提，這些工具可以跳脫整個步驟單獨使用，如果你很熟悉每一個工具的實用性，跳脫這些步驟直接拿工具來使用，也是一個很不錯的方法。

　　在 PJ 法系統性的解決問題有四大流程，這些流程各自有它的順序與步驟，如下圖所示：

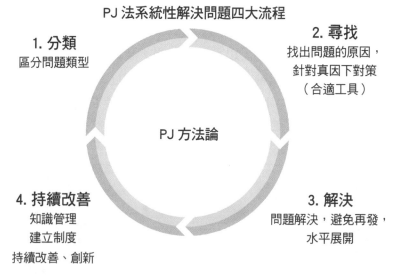

PJ 法系統性解決問題四大流程

1. 分類
區分問題類型

2. 尋找
找出問題的原因，
針對真因下對策
（合適工具）

PJ 方法論

4. 持續改善
知識管理
建立制度
持續改善、創新

3. 解決
問題解決，避免再發，
水平展開

　　首先遇到問題的時候，你要先做問題的分類，知道問題是屬於哪一類型，在此整理出幾種問題的分類，其中「問題發生的頻率」就是 PJ 法中問題的分類方式，如下圖所示：

問題的分類

問題屬性	問題發生的頻率	麥肯錫分類
· Product：生產力	· 異常型	· 恢復原狀型
· Quality ：品質	· 改善型	· 防止潛在型
· Cost ：成本	· 目標達成型	· 追求理想型
· Delivery ：交期	· 預防潛在型	
· Service ：服務		
· IT：資訊科技		

問題發生的時間

· 已發生問題
· 未發生問題

　　然後你就可以去尋找不同類別搭配的工具，尤其在問題分析、原因分析、對策思考上面，每個類型有對應的工具，當你找到工具之後，你就可以透過步驟的精髓跟工具本身的目的，找出問題的真因，再驗證對策，接著你就可以把問題解決。

　　之後你要提出避免再發的機制，建立水平展開的機制，最後你可以把這個解決問題案子的歷程記錄下來，納入知識管理，必要的時候還可以建立公司或個人的標準制度，最後是持續改善，這就是系統性解決問題的四大流程。

　　這個「PJ法系統性解決問題四大流程」，是不是跟你平常解決問題的流程不太一樣呢？請試著用這四大流程來解決你工作上的問題，一段時間後，你會發現你跟別人不一樣。

3-3　系統性方法論（PJ 法）八大步驟

　　職場人士在工作上遇到問題時，會先找原因，原因找到之後就會尋找對策，接著開始執行對策並看看效果如何，如果沒有問題，這個問題就算是解決了。

　　以上所述看起來雖然簡單，但是在解決問題上有其難度。另外，雖然都要做問題分析、原因分析以及對策思考，但是在 PJ 法的 8P 步驟中，每個步驟名稱裡的思維與邏輯都需要不斷練習，才能養成。接著我想來談談，什麼是系統性 PJ 法的八步驟，簡稱 8P，P 是指 Procedure，中文翻譯為「程序」或「步驟」。

P 1	選定主題＆建立團隊
P 2	描述問題＆盤點現況
P 3	列出、選定＆執行暫時防堵措施
P 4	列出、選定＆驗證真因
P 5	列出、選定＆驗證永久對策
P 6	執行永久對策＆確認效果
P 7	預防再發＆建立標準化
P 8	反思未來＆恭賀團隊

P1：選定主題＆建立團隊

　　平常在選定主題＆建立團隊並沒有很多想法或是技巧，但是在 P1 就不同了，這個步驟告訴你如何選擇題目，你的理由是什麼，以及團隊成員怎麼選（為什麼是選擇這位同仁而不是那位），這個步驟裡面的技巧都會詳細說明。建議大家可以想看看，想出三個問題之後，從中選一個主題出來，想一下要解決這樣的問題需要找哪些人進來。

P2：描述問題＆盤點現況

　　過往的職場人士遇到問題，馬上就會進行原因分析，而不會把問題描述清楚，甚至他根本不清楚問題如何描述。至於盤點現況或是現況分析，一般都不會做，但是在 P2 裡面，現況分析是非常重要的。這個問題的目標是多少？因為有現況、有目標，那就形成一個問題。接著這個問題可能要抓過去半年以上的資料來做分析，看看比較大的問題落在哪一個項目，接著你要針對題目的現況做全面描述，最後就是設定改善的目標。

P3：列出、選定＆執行暫時防堵措施

　　有些問題需要執行 P3，有些則不需要，端看問題的類型。可以思考一下這個問題有沒有需要用暫時對策來防堵，使這個問題不要再擴大，如果不需要，就可以直接跳下一個步驟。

P4：列出、選定＆驗證真因

　　在這個步驟中，一般人的字眼可能是尋找真因。但是在 P4 這個步驟感覺到的結構性就不太一樣，因為在這個步驟中，它先告訴你要列出所有可能的真因，然後再從這麼多的可能真因中，選定幾個比較有可能的真因去驗證。請針對剛剛的問題，發想 20 個以上的原因，當然需要找相關人士一起來討論，之後再從這 20 個原因內收斂到 6 至 8 個原因，其餘的就排除，最後我們針對這幾個可能的真因，再一個一個去做實際資料的驗證。

P5：列出、選定＆驗證永久對策

　　對策不是想到就馬上執行，此步驟強調一定要先想很多的對策，然後選出最好的對策去驗證。當真正的原因找出來之後，接著就可以思考對策，建議每一個真因要思考五個以上的對策，之後就可以在對策中選定可能有效的對策，假設想出四個對策，那麼就需要針對這四個對策一一去驗證，試看哪些對策真正有效。

P6：執行永久對策＆確認效果

　　針對 P5 有效的對策去執行一段時間，然後再收集資料，確認真因是否被消除，問題是否被改善。根據 P5 想出的幾個有效對策，就可以執行對策一段時間，在這過程中，需要有人去確認以及監控執行過程中是否有問題，一個月之後可以再看效果如何，是不是真因真的被消除且問題也改善，如果是那就恭喜你。

P7：預防再發＆建立標準化

　　將有效的對策製作成 SOP，然後落實到日常管理，並且應該建立預防再發的機制。雖然執行對策有效，未來還是要持續保持績效的話，就必須納入日常管理的機制，那麼在文件上就需要標準化，以消除真正的問題跟原因。

P8：反思未來＆恭賀團隊

　　在這一趟解決問題的旅程中，反省哪些地方做得不錯，哪些地方做得不好，期許自己下一次可以更棒更好。在這個步驟，需要反省這一路走來你發現到什麼？學習到什麼？還有感覺到哪一些不足之處？在過程中也反省是不是還有問題沒有解決？把這些東西慢慢整理，如果有不好的事情，就期待在下一次解決問題時能夠避免。

8P 步驟詳細說明

P1：選定主題＆建立團隊	從公司的角度、從部門的角度，或從你平常工作的角度來尋找問題，接著從這些問題裡面選擇你想解決比較關鍵重要的問題。根據這個問題想像一下，如果要解決這個問題，應該找哪些人來建立團隊？然後也要跟主管對焦，了解他們對這個問題的期待跟目的是什麼？
P2：描述問題＆盤點現況	把你的問題再做一個更清楚的描述，並針對問題做更深入的分析，接著針對問題的現況，了解現況的做法是什麼？分析完之後，就設定解決問題的目標。

P3：列出、選定&執行暫時防堵措施	針對問題思考暫時的防堵措施，如果需要的話，必須要百分之百的防堵問題，另外也要思考這樣的防堵措施會不會有副作用。
P4：列出、選定&驗證真因	儘量發散的去思考所有可能造成問題的原因，接著從那麼多的原因裡面，去找一些可能的原因，並針對這些可能的原因尋找佐證資料，找出真正造成問題的凶手。
P5：列出、選定&驗證永久對策	根據問題的凶手來發散所有可能的永久對策，根據這些永久對策來選定可能的對策，接著去驗證這些可能的對策，哪些的對策真的可以把問題解決，並把真因消除。
P6：執行永久對策&確認效果	根據驗證後的永久對策，開始去執行這些永久對策。執行一段時間後，再確認問題是否真的被改善了，並確認是否有達到步驟二所設定的目標。
P7：預防再發&建立標準化	不管對策在做的過程中多麼有效，仍然要去思考是否還有潛在的問題，所以這個步驟是如何去建立跟預防潛在問題發生，並且建立一些標準化以落實日常管理。
P8：反思未來&恭賀團隊	反思在這次的解決問題過程中，哪一個步驟你做得好，哪些是這一次做比較不好的地方，去規畫未來的改善計畫，最後就是要恭喜整個團隊真的很厲害，把問題都解決了！要好好的謝謝他們。

　　以上的説明是 8P 解決問題的邏輯，只要你把問題丟到這八步驟裡面走過，相信你會有額外的發現，使用這些步驟的思維與技巧，慢慢培養解決問題的能力。

　　為了讓大家能記住 8P 的步驟，我把 8P 對應到比較簡單的五大邏輯步驟，就是什麼是你工作上最重要、急需要解決的問題？目前的問題表現如何？是什麼原因造成問題發生？我們應該採取哪些對策來解決問題？未來如何保證問題不再發生？

8P 步驟的五大簡易邏輯步驟

8P 步驟	邏輯步驟
P1：選定主題＆建立團隊	1. 什麼是最重要的？
P2：描述問題＆盤點現況	2. 目前表現如何？
P3：列出、選定＆執行暫時防堵措施	3. 錯在哪裡？
P4：列出、選定＆驗證真因	
P5：列出、選定＆驗證永久對策	4. 應該採取哪些對策？
P6：執行永久對策＆確認效果	
P7：預防再發＆建立標準化	5. 如何保證績效？
P8：反思未來＆恭賀團隊	

　　大家可以從 8P 的字眼中，明確的感覺這一套方法論，這些名稱與以往職場人士所接觸到的不太一樣，只要你能把這些步驟記起來，必定能加強你解決問題的能力。

　　對職場人士而言，所面臨到的問題都不一樣，有些問題很容易，有些很困難，因此在 8P 中設計了很彈性的模組，融入應該具備的元素使得架構更為堅實，我把它分為小 8P（6 個步驟）、中 8P（17 個步驟）與全 8P（31 個步驟）等三種模板可供使用。

　　該如何界定該使用哪一種 8P 呢？簡單來說，在職場上每天都會遇到的一些問題，用小 8P 的六個步驟來做問題分析解決即可；如果是一個部門的問題或是跨兩個部門的問題，大約在一、兩個月內可以解決，我會建議你用中 8P 來解決；至於更複雜的問題，假設需要花三個月以上甚至半年，並且跨三個部門或以上，我會建議你用全 8P 來處理。

　　這樣的分類大家會比較清楚，千萬記住，它還是可以彈性使用的，重點是要看問題的複雜度與困難度。

三大 PJ 法模板使用準則

三大 PJ 法	步驟	使用準則
小 8P	6 個步驟	每天遇到的問題。
中 8P	17 個步驟	1 到 2 個部門之間的問題，需花 ≤2 個月來解決的問題。
全 8P	31 個步驟	跨三個部門以上，需 3 到 6 個月來解決問題。

三大Ｐ Ｊ法模板步驟，請參考「附錄３」。

第四章

PJ 法核心邏輯

了解方法論的核心邏輯，
可以快速提升你
解決問題的邏輯能力

4-1　系統性方法論重要核心邏輯一

　　沒有解決不了的問題，只有不想解決問題的人。問題遲早會被解決，但問題也會解決一個人或一個公司，所以解決問題的速度與效益準確度也很重要，這時就凸顯了掌握系統方法論核心邏輯的重要性。一套系統性的問題解決方法，如果能了解它的核心邏輯，你就比較不會犯錯，也會讓你在解決問題上的思維更加清楚。

　　以下 PJ 法的這些邏輯，是我在過去二十年來，講授問題分析與決策的方法論中體會出來的，說是千錘百鍊出來的精華也不為過，只要掌握好這三個核心邏輯，你的問題分析與解決邏輯能力必定往上提升好幾個級數！

　　此 PJ 法共有三個基本的邏輯：

- ·　邏輯技巧一：步驟是聚焦在「問題」還是「原因」？
- ·　邏輯技巧二：動詞與名詞。
- ·　邏輯技巧三：發散與收斂。

　　接下來分別說明這個邏輯技巧。

邏輯技巧一：步驟是聚焦在「問題」還是「原因」？

在 PJ 法的八步驟中，首先要很清楚每個步驟的字面上意思是什麼。比如 P1 這個步驟是選定主題、建立團隊，P2 是描述問題、盤點現狀。當你很清楚每個 P 字面上的意思之後，我們就來討論每個 P 步驟真正的目的核心方向，是在分析問題還是分析原因。

P 1	選定主題&建立團隊
P 2	描述問題&盤點現況
P 3	列出、選定&執行暫時防堵措施
P 4	列出、選定&驗證真因
P 5	列出、選定&驗證永久對策
P 6	執行永久對策&確認效果
P 7	預防再發&建立標準化
P 8	反思未來&恭賀團隊

例如：P1 這個步驟「選定主題、建立團隊」是分析問題還是分析原因呢？如果是該分析問題，而你分析了原因，這個邏輯就不正確，對調亦然，所以這套方法論是很嚴謹的。只要你照著 8P 每個步驟字面上的意思，你可以很清楚的知道每個步驟是分析問題還是原因。

- P1 **選定主題＆建立團隊**：既然是選定「主題」，背後的意義就是先尋求問題，然後再選出重要的「問題」來解決，所以這個步驟是「聚焦問題」。

- P2 **描述問題＆盤點現況**：字面上是描述「問題」，那這個步驟當然是「聚焦問題」，實務上在這個步驟，會有很多人一看到問題就直接「分析原因」，那麼馬上就犯了很大的邏輯錯誤，這個步驟僅在「分析問題」，只做描述問題與盤點現狀，而非「分析原因」。這是一般初學 PJ 系統方法論者常犯的錯誤，不可不慎。

- P3 **列出、選定＆執行暫時防堵措施**：這是根據 P2 步驟而來，是針對問題所下的暫時對策。這時只做「暫時對策」，所以核心方向仍只是「聚焦問題」，而沒有聚焦「原因」。

- P4 **列出、選定＆驗證真因**：P4 步驟字面上可以看到真因，因此這個步驟的核心方向當然是「聚焦原因」。

- P5 **列出、選定＆驗證永久對策**：這個步驟是根據真因所下的對策，這個目的是消除真因，所以 P5 步驟核心方向是聚焦「原因」思考的永久對策。

- P6 執行永久對策＆確認效果：P6 這個步驟中要確認兩件事，需要確認真因被消除，問題被改善，是否都有其效果，這步驟「問題」與「原因」都會必須聚焦確認，所以這步驟的核心方向是「聚焦問題與原因」。

- P7 預防再發＆建立標準化：既然叫預防再發，當然是預防原因及問題不再發生，所以這步驟的核心方向是「聚焦問題與原因」。

- P8 反思未來＆恭賀團隊：在這裡需要去反省在整過程中，是否還有原因尚未消除，或是有殘留的問題待解決，所以這步驟的核心方向也是「聚焦問題與原因」。

　　總合以上所述，P1、P2、P3 是聚焦問題，P4、P5 是聚焦原因，P6、P7、P8 是聚焦問題與原因。PJ 法中有一個重要的邏輯，就是希望你按照每一個步驟該聚焦問題就聚焦問題，該聚焦原因就聚焦原因，好好的完成每一個步驟的核心方向。一步一步照著 8P 的邏輯去聚焦練習，會有不一樣的發現，你將不再是按照過去的經驗來解決問題，而是使用系統性的方法論一步步往下解決。

核心邏輯一：8P 各步驟的核心方向

8P 步驟	核心方向：聚焦問題還是原因
P1 選定主題＆建立團隊	聚焦問題
P2 描述問題＆盤點現況	聚焦問題
P3 列出、選定＆執行暫時防堵措施	聚焦問題
P4 列出、選定＆驗證真因	聚焦原因
P5 列出、選定＆驗證永久對策	聚焦原因
P6 執行永久對策＆確認效果	聚焦問題與原因
P7 預防再發＆建立標準化	聚焦問題與原因
P8 反思未來＆恭賀團隊	聚焦問題與原因

　　重點在把每個 8P 步驟的字面意思都仔細用「問題」或「原因」拆解，從而掌握各步驟的核心方向，帶著這樣清楚的核心邏輯去分析與解決問題，這樣系統性就會出來。

4-2 系統性方法論重要核心邏輯二

邏輯技巧二：動詞與名詞

光有 8P 的步驟是無法解決問題的，還需要搭配「工具」才能解決問題，而不同的 8P 步驟，透過邏輯二的技巧，就可以知道每個 8P 步驟要使用何種工具來達成此步驟的目的，接下來我們就來拆解一下：

P 1	選定主題&建立團隊
P 2	描述問題&盤點現況
P 3	列出、選定&執行暫時防堵措施
P 4	列出、選定&驗證真因
P 5	列出、選定&驗證永久對策
P 6	執行永久對策&確認效果
P 7	預防再發&建立標準化
P 8	反思未來&恭賀團隊

請看 8P 的所有步驟中，是否都是由動詞＋名詞的組成？這也是我在開發這個方法論時，刻意把動詞與名詞在字面上呈現。每個步驟中的動詞與名詞都是有意義的，動詞代表「邏輯」，表達「邏

輯」最快的方式就是利用工具來代替它；名詞代表「這個步驟需要完成的事項」，如果這個步驟中你沒有完成這個事項，就無法往下一個步驟邁進。

我們來探討邏輯二的一些技巧，比如 P1「選定主題＆建立團隊」，這個步驟中由兩個動詞（選定、建立）與兩個名詞（主題、團隊）組成，代表這個步驟你必須把主題選出來，至於如何選擇？必須得把邏輯交代清楚，同時把團隊建立起來，用你的邏輯告訴大家，如何建立你的團隊。

前面有提到過，**表達邏輯最快的方式就是利用工具**，所以當你報告你的專案時，可以告訴大家在選定主題時是用選題矩陣圖，而建立團隊是利用組織圖完成。對職場人士來說，這樣的幫助極大，在 P1 這個步驟有工具輔助使用，不再像無頭蒼蠅般的進行專案。當你使用工具來選定主題以及建立團隊時，你與他人溝通將會非常順暢，大家都有一致的語言，而不像過去進行專案時溝通內容完全沒有交集。

在 P2 描述問題＆盤點現況這個步驟裡，一樣也有兩個動詞（描述、盤點）與兩個名詞（問題、現狀）。你是如何描述問題的？有沒有你的邏輯呢？最簡單的描述問題方法，可以用人、事、時、地、物這樣的工具，就是 5W2H 描述問題。至於如何盤點現況？這時候可以用簡單的工具，比如流程圖或是差異分析。當把工具放回步驟中，你會發現其實按照工具來完成描述問題與盤點現狀不是一件困難的事。

P3 列出、選定＆執行暫時防堵措施，在這裡可以看到三個動詞（列出、選定、執行），每個動詞都可以搭配工具使用，這些使用工具後面都會提到。

P4 列出、選定＆驗證真因，這個步驟中也是三個動詞（列出、選定、驗證），有工具做搭配去解釋如何列出、選定、驗證，要說服他人就變簡單了。當你會更多分析工具時，在此步驟的工具組合就會變多。

P5 列出、選定＆驗證永久對策也是三個動詞（列出、選定、驗證），每個動詞都有相對應的工具步驟。

P6 執行永久對策＆確認效果，在這裡有兩個動詞（執行、確認），因此你是如何執行永久對策與如何確認效果？只要你使用合適的工具，就會發現此步驟非常簡單。

P7 預防再發＆建立標準化，這個步驟有兩個動詞（預防、建立）。

P8 反思未來＆恭賀團隊，也是兩個動詞（反思、恭賀）。

當你知道每個步驟所使用的工具，就會很清楚的用工具來解決問題。P1 至 P8 共有 19 個動詞，表示至少會用到 19 個工具來解決問題，在實務上，有些工具是相通的，按照過去的經驗，簡單的問題會用到 6 至 8 個工具，問題較複雜者，一般會用到 10 個以上的工具。

接下來你就需要瞭解更多的改善工具、分析工具或創新工具，然後把這些工具正確的使用在 8P 步驟中，好好的按照步驟分析問

題、解決問題，漸漸你就會發現，自己在解決問題上會更有自信、
更快速，也更有效率。

　　過去在企業授課輔導實務上，常會遇到許多學員，學到邏輯二
的技巧後，臉龐馬上出現恍然大悟的神情，直呼太神奇了！只要有
了「動詞」、「名詞」的濾鏡，回頭再看 8P 步驟，瞬間覺得整個
8P 步驟可親起來，非常靈活好運用，在此把邏輯二的關鍵重點整
理如下：

核心邏輯二：動詞與名詞

1. 動詞代表「邏輯」，邏輯最快的方式就是使用工具。
2. 名詞代表這個步驟需要完成的事項。

4-3　系統性方法論重要核心邏輯三

邏輯技巧三：發散與收斂

　　8P 步驟中的精髓裡，有個相當關鍵的思維，它可以突破你解決問題的框架與盲點，這個思維在解決問題上相當重要。我常在課堂上問學員：「一個問題你都會推想幾個可能原因來思考呢？」一般在企業中得到的回覆大概都是 3、4 個可能原因，最多也就 5 個可能原因，而且這些原因都是大家耳熟能詳的，但如果是一個複雜的問題，只思考 5 個原因夠嗎？

　　在課堂中，我要求學員們一個問題要想出 30 個以上的原因，大部分學員都會反應：「不可能啦！老師這個太難了啦！做不到。」但是當我教學員使用工具一步步的往下走，不到一小時，幾乎每一組都可以想出 35 個以上的原因。

　　這個就是思維框架。當你認為不可能的時候，就會永遠都不可能，因此務必把自己的思維打開！至於為什麼需要想出這麼多原因？理由很簡單，一般會卡住的問題都比較複雜，而複雜的問題背後，有許多原因尚未被發現，過去都用自己的思維在思考，思考的角度較為單一，自然所思考的原因角度就會非常有限，就像是過去只看到冰山表面一樣。唯有打開思維，透過一定數量的思考，才能挖出一層層過去未曾發掘出的可能真因。

　　以下就來說明邏輯技巧三：**發散與收斂**。

　　P1 選定主題＆建立團隊，選定主題本身就是一種發散變收斂的思維，什麼意思呢？簡單來説，你需要思考很多的問題，從那麼多的問題選定 1、2 個問題來解決，在這個步驟本身就發散到收斂，最後選出「你要改善的主題」。

　　P3 列出、選定＆執行暫時防堵措施，從字面上來看，就是發散選定再收斂執行「暫時防堵措施」，再怎麼熟練也是需要先發散很多的暫時防堵措施，然後慢慢收斂到 1、2 個，再驗證執行。

　　P4 列出、選定＆驗證真因，在這步驟中，也是先發散再收斂的思維，一個問題建議要發散 30 個以上的「可能原因」，之後才慢慢收斂幾個可能的原因來驗證。

　　P5 列出、選定＆驗證永久對策，這步驟也是發散多個「對策」再收斂，建議一個真因要想 5 個以上的對策，再慢慢收斂 1、2 個對策來驗證。

　　解決問題要「學會跳脫框架」，發散數量絕對是跳脫框架的技巧之一。因此 P1、P3、P4、P5 這四個步驟，你的思考要足夠發散，否則還是用慣性思維在解決問題。這個發散到收斂的思維，對你在解決問題上有極大的幫助。我希望當你在解決問題時，可以找一些相關的人一起來腦力激盪，同時小組內的人都要很清楚每個步驟中所強調的思維邏輯。

　　把邏輯技巧三的關鍵重點整理如下：

核心邏輯三：發散與收斂

8P 步驟	大量發散的項目	發散到收斂的項目
P1 選定主題 & 建立團隊	大量發散 需要解決的問題	依選定準則選出 要解決的問題
P3 列出、選定 & 執行暫時防堵措施	大量想出暫時防堵對策	依選定準則與驗證 手法找出暫時對策
P4 列出、選定 & 驗證真因	大量發散可能原因	依選定準則與驗證 手法找出真因
P5 列出、選定 & 驗證永久對策	大量發散可能永久對策	依選定準則與驗證 手法找出永久對策

第五章

PJ 法

從 PJ 法 8P 步驟工具
建構邏輯分析思維與解決問題實力

5-1 P1 選定主題&建立團隊

5-1-1 找問題、找團隊常犯的錯誤

記得有一次，我請學員把各部門的問題拿到課堂上來演練。印象最深刻的是有一個學員，這個學員上課非常認真，有任何問題都會主動發問，每次討論他都會帶動他們那一組的氣氛。

課程進行到一半，我請他們把各部門的問題拿出來討論，結果這位學生就舉手請我過去，然後跟我說：「老師，這個改善題目不是我們選的，都是主管要求我們做的，雖然我們也是百般的不願意，但是老闆這麼交代，我們也只能照著做。」

我就問：「你知道主管選這個題目背後有什麼理由嗎？」

學員回答：「哪有什麼理由呢？在公司都是老闆說了算，他叫我們做什麼，我們就做什麼。」

接著我再問：「假設你的主管要你做這樣的題目，你知道怎麼找團隊以及怎麼做行動計畫嗎？」

學員回答：「其實我們都是靠經驗來判斷，按照經驗認為大概要花多久時間可以規畫出來。至於團隊，有時候也不是自己可以決定，有時候希望某部門參與，但是對方拒絕，所以公司的專案幾乎都是一個人在做。」

上面的情景是不是很熟悉呢？在此我整理在「找問題、找團隊」的步驟裡，列舉一些大家常犯的錯誤：

1. 上面主管叫你做什麼專案，就毫不猶豫的下去做。
2. 團隊成員只做自己專案分內的事，其餘的事都跟他們無關。
3. 組長分工常常引起組員反彈。
4. 團隊成員不認為評估專案主題很重要。

不管選擇什麼改善主題，或是如何建立團隊，其實都是有方法的，接下來會一一說明。

5-1-2　P1 步驟：選定主題&建立團隊的說明

P1 步驟的目的：確認內外客戶受影響之問題予以量化及定義，以指派合適的專案負責人，並決定團隊所需之知識與技能，以建立團隊。其成員必須具備對專案的專業知識有一定程度的了解，大家對專案的目的也需要達成共識，專案成員也須合理的分工，並確認整個專案計畫，以確保如期完成。

P1 步驟的 5 步驟：在這個大步驟中有五個小步驟，依序為選定主題、選題理由、判定類型、建立團隊、擬定行動計畫，接下來將逐一說明每一個小步驟的內容。

STEP 1	STEP 2	STEP 3	STEP 4	STEP 5
選定主題	選題理由	判定類型	建立團隊	擬定行動計畫

第一步驟：選定主題

要選定主題來解決時，先要發現問題，如果你覺得企業沒有問題，那麼千萬要小心！要出大問題了！

每一位職場人士，都要培養問題意識敏感度，你要成為不知不覺的人、先知不覺的人、不知先覺的人，還是先知先覺的人呢？

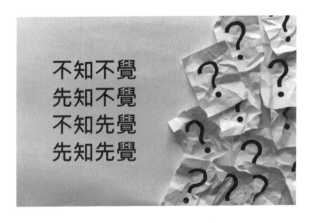

不知不覺
先知不覺
不知先覺
先知先覺

當問題被發現或找到後，接下來就是選哪一個問題來改善解決。你在選定改善主題時，一般都是怎麼選的？有方法嗎？有邏輯嗎？常常聽到的答案都是：

「老闆叫我做什麼我就做什麼，哪有什麼方法邏輯呢？」

「老闆說的都是對的。」

或者有改善主題時，每次跟老闆報告，老闆都認為這個主題不是他要的。到底在選定主題有沒有一些技巧跟方法呢？

當然有，改善主題可以從幾個方面來選：部門的問題、公司的問題、客戶的角度或者是公司的競爭者角度，此步驟可以用腦力激盪的方法來收集問題。

一般的改善主題描述，其實就是問題的轉向，假設問題是彭先生要減肥，改善主題就是把這個問題轉成動詞加名詞或標地物，再加上可衡量指標，就會變成**降低（動詞）彭先生（名詞）的體重（衡量指標）**。

任何一個改善主題，只要把問題轉成動詞加名詞加上可衡量指標，整個改善的氛圍就不一樣，因為有指標就可以衡量成果。

改善主題的公式

公式　＝　動詞　＋　名詞或標的物　＋　可衡量指標

透過這個公式，你可以很快的把問題轉成解決問題的改善主題。比如採購部門的作業時間太長了，我們把「採購作業時間太長」這個問題套用改善主題的公式，就會變成「降低採購的作業流程時間」。問題改成改善主題的形式，就會有一個改善的方向，標的物也很清楚，就是採購的作業流程，而衡量標準就是指時間，接下來就使用「矩陣圖」來選出你想解決的問題。

第二步驟：選題理由

一般的選題理由，可以從市場面、成本面與效益面來切入。

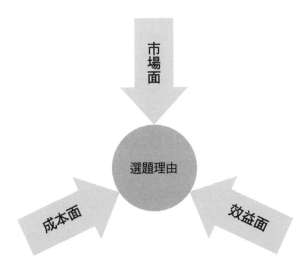

比如有個題目是建立預測的財務預報系統，為什麼這個題目非做不可呢？從市場面的角度來看，這是一個潮流，現在因為有大數

據的關係，做任何決策如果能提早知道財務的狀況，就可以快速做決策。從成本面來看，公司已經有資訊人員，由他們來開發的成本比較低。從客戶的角度，現在電動產品的組合變化極大，所以如果有這樣的預測系統去預測客戶的需求波幅，就可以提早做因應。從效益面來看，對公司而言效益是很大的，因為過去沒有做過這樣的系統，也代表公司一個新的里程碑。

　　所以每一個改善主題，如果很清楚為何一定要解決此問題的理由，那麼你就會更有衝勁去解決。

第三步驟：判定類型──確認問題的類型

　　處理問題，先要知道問題的類型，這一句話是之前我在台積電工作時，最受用的一句話之一。因為遇到問題時如果知道問題的類型，解決問題的速度就會比較快，原因是不同問題的類型，解決問題的技巧不一樣，在此把問題分成四類：

問題的四種類型

問題種類	說明
異常型問題	很少發生，現在卻發生了，現況分析與真因尋找。
改善型問題	追求好還要更好，現況分析與真因尋找。
目標達成型問題	以目標為導向，重視對策的思考。
預防潛在型問題	目前存在的潛在問題風險。

雖然上述四個問題種類有附上說明，但是很多讀者才剛開始接觸，還不是很熟悉，因此我用以下的流程圖來解釋，當你遇到問題時，如何去分辨是四種問題類型中的哪一種。

確認問題類型流程圖

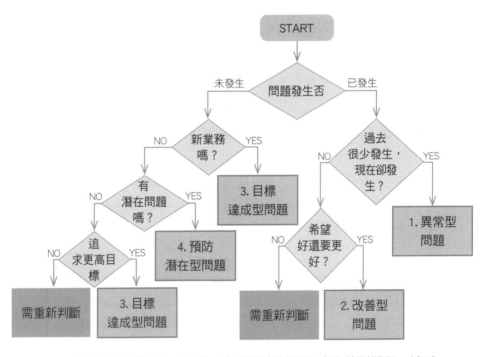

只要是問題發生，那麼一定是異常型問題或改善型問題，這時再來看問題發生的頻率，如果這個問題過去很少發生，現在卻發生了，這就是異常型問題；如果是追求好還要更好，這就是改善型的

問題。

　　如果問題還沒有發生，但是是新的業務，也可能想追求更高的目標，這就屬於目標達成型問題；如果問題還沒有發生，但是有可能有潛在的問題，這就屬於預防潛在型問題。

　　什麼是異常型問題呢？就是這個問題原本很少發生或是從來沒發生過，但今天卻發生了。比如說過去房子從來沒發生漏水，但現在突然漏水了，這就是異常型問題。

　　至於改善型問題，就是希望好還要更好，追求持續改善，這一類問題暫時不解決，公司不會有什麼問題，但是如果長期不解決，問題會越來越大。比如說要降低公司的成本，目前公司的成本比例還可以接受，但是我認為應該還有下降的空間。或是產品的良率希望越來越好、服務越來越好、客訴越來越少……等，類似這樣的角度，就是所謂的改善型問題。

　　目標達成型問題是以目標為導向，強調新業務或追求更高的目標，所以在這個目標下，非常重視對策的思考，就是把一個大目標

異常型問題

改善型問題

目標達成型問題

切成幾個小目標之後不斷的完成。這個問題類型不那麼強調尋找問題的真因，只需要描述問題並開始思考對策，這裡更在意的是，下的對策是否能達成預期的目標。比如說現在要在公司內部建立一個 ERP 系統，這就是所謂的目標達成型問題。

預防潛在型問題是指目前看來沒有問題，但是運作的過程中，這些作業流程裡面可能存在一些潛在的問題風險，如果可以馬上把這些潛在問題風險找出來並且加以預防，就不會發生問題。例如很多公司都有訂定標準作業程序（SOP），執行時沒發生什麼問題，但仔細研究每份 SOP，會發現存在很多潛在性的作業問題風險。

不同問題的類型，使用的方式或工具不太一樣，整理如下表：

問題類型的方法工具對照表

方法 問題類型	解決問題的方法	主要工具
1. 異常型問題	PJ 法 8P	書上的工具
2. 改善型問題	PJ 法 8P	書上的工具
3. 目標達成型問題	課題達成型 8 步驟	創意的工具
4. 預防潛在型問題	PJ 法 8P	FMEA

※ 本書的內容比較專注在解決異常型問題及改善型問題。

　　異常型與改善型針對 8P 的步驟有一點彈性，下表為異常型與改善型對照表：

異常型與改善型 8P 步驟對照表

8P 步驟 ＼ 問題類型	異常型	改善型
P1：選定主題＆建立團隊	建立團隊	✓
P2：描述問題＆盤點現況	✓	✓
P3：列出、選定＆執行暫時防堵措施	✓	可有可無
P4：列出、選定＆驗證真因	✓	✓
P5：列出、選定＆驗證永久對策	✓	✓
P6：執行永久對策＆確認效果	✓	✓
P7：預防再發＆建立標準化	✓	✓
P8：反思未來＆恭賀團隊	✓	✓

第四步驟：建立團隊─尋找合適的同仁參與，初步形成團隊

　　尋找合適的同仁參與，初步形成團隊，用「組織圖」把團隊建立起來。此步驟必須注意以下六點事項，團隊成員可以視 8P 中每個步驟所需的專業人員增加或減少。

1. 成員 2 到 10 人。
2. 成員從與問題有關聯的各部門中選擇具有專業技能人員擔任，或主管希望培養的人員擔任。

3. 成員必須了解問題解決的程序與改善工具。

4. 成員必須清楚了解各自扮演的角色。

5. 成員必須知道上級所期望達成之目標。

6. 從成員中選一位組長與副組長，以協助團隊的運作。

組織圖完成之後，接下來使用工作分配表來做合理的工作分配，一般會建議使用「ARCI」來做合理的工作分配。

第五步驟：擬定行動計畫

任何一個專案都需要擬定行動計畫，有計畫才能安排所有資源，也才知道如何在時間的壓力下完成所有專案應該做的事，成員在定期開會時，才可以按照這些計畫來實施與審核，最重要的是這些計畫的日期，需要與主管達成共識。

最常用的擬定行動計畫工具就是「甘特圖」，在做甘特圖的過程中，只要出現三個內容就足夠：做什麼事情？誰去做這件事情？要做多久？圖裡面會有虛線（事先規畫）與實線（實際情況），照著規畫去做事，一旦有發生任何延遲也可以提早知道。

5-1-3　P1 步驟的工具：

矩陣圖、組織圖、ARCI 表、甘特圖

很多人把問題找出來之後，他內心就已經決定他要做這個主題，所以整個選題過程中，看不出來是用什麼工具選出這個題目。而題目出來後也不知道怎麼分工，所以常常是組長一人從頭到尾自己完成整個專案，專案看似很有計畫，但計畫與實際還是有落差。而這些問題如果有工具來支持，至少在 P1 步驟裡，可以用工作分工與擬訂行動計畫表，以下就來說明這些工具。

1. 矩陣圖

· 何謂矩陣圖？

下面這張圖就是用二維的方式來呈現，縱軸是 3 個出遊地點，橫軸就是準則，透過一些評分來選出那個地點，符合你的需求，此法就是矩陣圖。

準則 地點	價格	口碑	時間	總分
出遊點一	5	5	5	15
出遊點二	3	3	3	9
出遊點三	1	3	3	7

· 何時使用矩陣圖？

　1. 在選「改善專案」時可以使用。在 P1 步驟這個階段，如果

公司需要解決的問題很多，考量到資源、人力、時間等因素無法同時進行，那麼就適合使用矩陣圖，依各種因素條件，選出加總後分數最高的題目來解決。

2. P3 與 P5 步驟可使用矩陣圖。

· **如何使用矩陣圖？**

　　一般來說，如果有好幾個專案需要做評估，那麼就有眾多的因素需要思考，可以使用矩陣圖，從眾多的因素裡面找出評估準則，比如重要度、複雜度、效益性、急迫性、可行性……等，以便將問題明確化。矩陣圖首先要先確定問題，哪些問題是你要解決的？把題目都列出來放縱軸，至於橫軸則放需要考量的因素，一般的考量因素可分為幾種如下：

1. **重要度**：策略、願景、市場需求，改善主題是否跟公司策略、公司願景、市場需求掛勾，如果掛勾越深，代表重要性越高；反之掛勾越淺，則重要性越低。

2. **複雜度**：改善主題的複雜度，可以從問題需要哪些相關部門來合作下手，如果涉獵的部門越多，問題的複雜度就會比較高，如果用部門別來分，跨三個部門以上就認定專案的複雜度比較高。

3. **效益性**：改善主題的財務效益，如果財務效益高，代表效益高。一般同仁接收到主管的專案時，應該更深入的了解，主管要做這個專案背後的理由，站在大你兩階以上的主管角度

來看待問題，你的視野會比較寬廣。

4. **急迫性**：此問題不馬上解決會發生什麼事？問題越急迫分數越高，越不急迫分數越低。

5. **可行性**：此問題如果要解決它，困難度高不高？不困難代表可行性高，則分數就越高，反之則越低。

依照各個因素給出 1、3、5 分的分數，最後再加總，選出分數最高的問題。

· **矩陣圖案例**

某企業人資部門目前收集到三個問題：

1. 降低直接人工人力缺口。

2. 提升餐廳管理滿意度。

3. 改善同仁薪資結構。

我們使用矩陣圖來評分票選，評分結果為「降低直接人工的人力缺口」分數最高，所以就以這個題目來當作問題解決的題目。

改善主題 ＼ 準則	重要性	急迫性	可行性	總分
1. 降低直接人工人力缺口	5	5	5	15
2. 提升餐廳管理滿意度	3	3	5	11
3. 改善同仁薪資結構	3	3	3	9

評分準則：以 1、3、5 來做評分，取最高分來當作改善主題。

- 矩陣圖的小技巧

    1. 針對 1、3、5 分要給量化的準則說明。

    2. 建議評估準則至少要有三個。

    3. 改善主題的列出需符合彼此獨立原則。

    4. 至少列出三個以上的改善主題。

2. 組織圖

- 何謂組織圖？

    是指透過結構圖展現團隊的組成、職權、功能關係。

    所謂的組織圖就是一個架構，這個架構裡面有各個專案成員的
部門名稱跟姓名以及工作執掌，藉由這個組織圖可以了解組長、組
員以及專案發起人的角色。

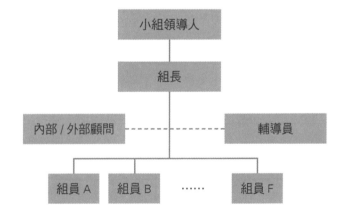

- 何時使用組織圖？

  在 P1 步驟建立團隊時使用，把專案成員的角色與職責放入。

- 如何使用組織圖？

  先了解專案的組長是誰，再去了解專案的利害關係人，並到各部門尋找合適的專業同仁加入。另外需評估是否需要外部或內部顧問協助，接著把專案該做的事情分工到每個部門、每個人身上。

- 組織圖案例

  有一個客戶抱怨的品質問題，在公司內部需儘速解決，否則後果會很嚴重。於是客訴部門成立一個專案來解決，他們使用組織圖做分工，每個角色各司其職，有不同的負責工作項目。

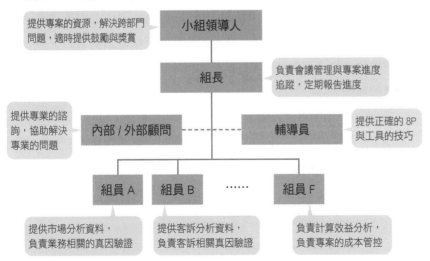

- 組織圖小技巧

  1. 要清楚組長上面的領導者是否在組織圖裡面。

  2. 把每個人的工作職掌寫在角色旁邊。

  3. 工作職掌的分工需要經過討論並達成共識。

3.ARCI 表

- 何謂 ARCI 表？

當責（accountability）是職場人士需要的一種關鍵觀念與核心價值觀；把屬於你的工作做對、做好，為最終結果負完全責任，就是當責，在企業內推行文化，會養成一種態度、行為，也會化成具體行動。在這個過程中，當責及其衍生的方法論即 ARCI（阿喜法則），這是一個很重要的工具，用以釐清角色與責任（Role and Responsibility）。ARCI 是美國專案管理師協會（PMI）與英國資訊協會（ITIL）及無數大小公司常用以推動跨部門專案的有力工具，要對抗的常是公司內無所不在的「本位主義」、「山頭主義」……等其他部門。

ARCI 分別代表定義如下：

- **當責者（Accountable）**：必須負起專案或任務的完全責任的人，團隊內只能有一位當責者。
- **負責者（Responsible）**：任務展開的執行者，可以多人共同執行專案，將自身責任往外延展。
- **事先諮詢者（Consulted）**：當責者做出最終決定前，向他

尋求或徵詢意見的對象。

· **事後被告知者（Informed）**：專案執行所需配合的相關單
位，在決策後或專案完成後必須被告知的人。

· **何時使用 ARCI 表？**
在 P1 步驟做工作分配的時候。

· **如何使用 ARCI 表？**
步驟一：列出工作清單（What）。
步驟二：列出專案成員（Who）。
步驟三：針對工作清單來分配這項工作給專案成員是屬於
ARCI 的哪一種角色。

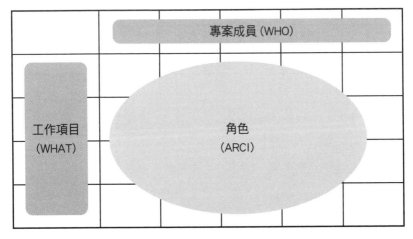

- ARCI 表案例

這是一個產品開發的專案，工作階段大致分為定義（Define）、設計（Design）、開發（Develop）與測試（Test）四大項目，將這四大工作分解成 9 項工作，整個專案成員有 Ann、Ben、Carlos、Dina、Ed 五人，使用 ARCI 工作表來釐清角色與責任。

工作項目	Ann	Ben	Carlos	Dina	Ed
1. 規格定義	C	A	R	A	I
2. 設計細節展開	C	A	R	A	I
3. 材料選用	C	A	R	A	I
4. 成本分析	C	A	R	A	I
5. 生產設備評估	C	R	A	R	I
6. 生產流程建立	A	R	C	R	I
7. 原型驗證測試	C	A	R	A	R
8. 可靠度測試平臺建立	C	A	I	R	A
9. 競品分析	A	R	I	A	R

- ARCI 表小技巧

   1. 每個工作項目的欄位應該都要有 A（當責者）、R（執行者）。

   2. 每個欄位不一定都有 ARCI。

   3. 從無到有的專案，建議 C（諮詢者）多一些。

   4. 每一個工作項目 A（當責者）與 R（執行者）有時不會只有一位。

5. 建議有些 R（執行者）可以同時也是 A（當責者）。

6. 建議 R（執行者）的主管可以是 A（當責者）。

4. 甘特圖

· 何謂甘特圖？

甘特圖，是在 1917 年由亨利·甘特開發的，基本是一條線條圖，橫軸表示時間，縱軸表示活動（項目），線條在圖上顯示計畫時間（P）與實際進行時間（A）的對比。管理者可以很直觀的弄清一項活動（項目）還剩下哪些工作要做，並可評估工作是提前還是延遲，或是正常進行。

Why 活動步驟	What 內容	Who 負責人	P：計畫 A：實際	When 計畫（月分、週數）									
				8月		9月				10月			
				35	36	37	38	39	40	41	42	43	44
			P										
			A										
			P										
			A										
			P										
			A										
			P										
			A										
			P										
			A										
			P										
			A										
			P										
			A										
			P										
			A										
			P										
			A										

- **何時使用甘特圖？**

　一般會在 P1 步驟的擬定行動計畫來使用，或是 P6 步驟的對策實施時使用。

- **如何使用甘特圖？**

　首先要很清楚專案要做的事情，並要清楚需花多久時間來完成，再根據工作跟時間來分派由誰負責某件事情，並在何時完成。甘特圖上會先有規畫線，按照每一次的進度來畫實際線，每次超出時間，則必須要說明提前完成或是延遲的原因。

- **甘特圖案例**

Why	What	Who	When 計畫（月分、週數）									
活動步驟	內容	負責人	P：計畫 A：實際	8月		9月				10月			
				35	36	37	38	39	40	41	42	43	44
P1：選定主題 & 建立團隊	主題選定與計畫擬定	成員A	P A										
P2：描述問題 & 盤點現況	問題分析	成員A	P A										
	現況分析與目標設定	成員C	P A										
P3：列出、選定 & 執行暫時防堵措施	執行暫時防堵措施	成員B	P A										
	驗證暫時防堵措施	成員B	P A										
P4：列出、選定 & 驗證真因	列出及選定真因	成員D	P A										
	驗證真因	成員D	P A										
P5：列出、選定 & 驗證永久對策	列出、選定永久對策	成員A	P A										
	驗證永久對策	成員C	P A										
P6：執行永久對策 & 確認效果	執行永久對策	成員A	P A										
	確認效果	成員D	P A										
P7：預防再發 & 建立標準化	預防再發	成員A	P A										
	建立標準化	成員B	P A										
P8：反思未來 & 恭賀團隊	反思未來	成員D	P A										
	恭賀團隊	成員C	P A										

- 甘特圖小技巧

  1. 實務上會發現，在一般的問題分析、原因分析與對策實施的規畫線會比較長。
  2. 負責人那一欄建議最好只有一人，最多兩個人。
  3. 如果時程有延遲，必須寫上理由，並有追上時程的計畫。

5-1-4　P1 步驟的 5 大心法

- 主題選定重點：不是團隊想要，而是客戶需要。
- 重點導向，設定重點問題，徹底解決。
- 凡事有計畫，老闆少牽掛。
- 凡事有分工，未來少煩惱。
- 清楚專案目的，解決動力強。

5-1-5 P1 步驟的關鍵整理

* 主題不能太大或太小，主題選定後需與主管討論聚焦。
* 主題選定的標準及方法明確。
* 活動計畫明確且各步驟時間安排適當。
* 列出專案發起人、領導人、專案經理人（組長）、組員，且任務分配清楚。
* 發掘改善機會。
* 事先規畫會議管理的規則。

5-1-6 P1 步驟的工具整理

P1 步驟 ＼ 工具	矩陣圖	組織圖	ARCI 表	甘特圖	問題判斷圖
Step 1 選定主題	✓				
Step 2 選題理由					
Step 3 判定類型					✓
Step 4 建立團隊		✓	✓		
Step 5 擬定行動計畫				✓	

5-1-7　P1 步驟的自我練習

- 矩陣圖

改善主題＼準則	重要性	急迫性	可行性	總分

- 組織圖

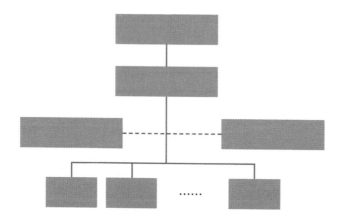

- ARCI 表

工作項目	成員一	成員二	成員三	……	……

※ 按工作分配填入 ARCI。

- 甘特圖

Why	What	Who	When	計畫（月分、週數）										
活動步驟	內容	負責人	P：計畫 A：實際	8月		9月					10月			
				35	36	37	38	39	40	41	42	43	44	
			P										
			A										
			P										
			A										
			P										
			A										
			P										
			A										
			P										
			A										
			P										
			A										
			P										
			A										
			P										
			A										

5-2　P2 描述問題&盤點現況

5-2-1　問題分析常犯的錯誤

　　如果問題分析與解決是一趟旅程，不知道你在「問題分析」這一站會停留多久？這一個步驟在你這段旅程中占多少比例？

　　80%以上的職場人士都回答，問題分析這個步驟在旅程中的比例當然很短！這樣的答案令我覺得不可思議，因為我過去在台積電十幾年的歷練中，答案都不是這個樣子。

　　在此我想舉個例子，我相信每家公司都有離職率的問題，過去合作過的一位人資主管，個性非常認真，常常加班加到很晚，有時候週末也會到公司加班，某次他愁眉苦臉的問我：「我們公司的離職率很高，我不知道該怎麼下降。」

　　我問他：「如果離職率很高是問題，那麼你可以告訴我，一般你們是如何描述離職率高這樣的問題？」

　　人資主管非常快速的回答：「公司的離職率是 20%。」

　　接著我問：「那 20%是高還是低呢？你是用哪一把尺在跟 20%比較呢？」

　　人資主管：「我們公司訂的目標是 15%，我們的離職率不能高於 15%。」

　　接著我繼續問：「這個 15%的目標，在你們內部是怎麼訂定的？」

或許是我問的問題很直接，他一時之間答不出來，他就直接說：「平常我們遇到這樣的問題，就會直接去思考是什麼原因造成的，然後直接下對策。」

以上這些我相信是一般職場人士常犯的一些盲點，遇到問題時就很直覺的往下思考對策或者原因，很少先分析問題，甚至去了解更多問題背後的現況是如何。在此列舉一些常犯錯誤如下：

1. 描述問題不夠全面。
2. 描述問題太多文字敘述。
3. 描述問題太主觀不夠客觀。
4. 描述問題沒有量化數字。
5. 只描述問題，沒有做現況分析。
6. 現況分析不正確或不完整。

5-2-2　P2步驟：描述問題與盤點現狀的說明

P2步驟的目的：清楚地描述問題，以誰、什麼、何時、哪裡、如何、多少（5W2H）問項來指出問題的所在。並藉由資料分析，以縮小範圍找出重要的切入點，並找出適當的衡量指標以及目標的設定。

P2步驟的5步驟：在這個大步驟裡有五個小步驟，依序為描述問題、盤點現況、掌握差異及分析資料、設定目標、效益分析。接下來將逐一說明每一個小步驟內容。

STEP 1	STEP 2	STEP 3	STEP 4	STEP 5
描述問題	盤點現況	及分析資料掌握差異	設定目標	效益分析

第一步驟：描述問題

在這個步驟中，使用 5W2H 精確的描述問題，以了解真正的問題與影響的範圍到哪裡。

第二步驟：盤點現況

其實在 P2 的步驟中，一個很重要的步驟之一，就是盤點現況。問題發生都沒有好好的去分析清楚現況，往往都是現況有一些問題或漏洞才會讓問題發生。例如有一個產品出貨給客戶，然後被客戶抱怨產品有一些瑕疵，分析現況之後才發現公司在出貨的時候沒有出貨機制，難怪客戶會抱怨，因此問題發生之後，現況分析是相當重要的步驟。

第三步驟：掌握差異及分析資料

運用層別法掌握差異及分析，從各種角度、參數（如人、機、料、法、年齡、班別、階級、產品、時間……）將水準項目層別，進而清楚了解可以改善的切入點。

第四步驟：設定目標

目標設定高低，決定問題解決的深度，要如何設定目標呢？

設定目標建議可採用下面四個技巧：

1. 最佳標竿：不管任何產業中，績效表現最佳者。
2. 內部標竿：分析組織內現行的實務，尋找最佳績效者。
3. 競爭標竿：從外部確定直接競爭對手的績效表現。
4. 過去資料：從過去資料來設定目標。

第五步驟：效益分析

從第四步驟的目標設定後，我們就可以假設一下，如果我們達成解決問題的目標，可以帶來多少的效益，此效益分析，會建議用年度效益來計算，一般公司的主管會非常重視此效益分析的步驟。

5-2-3　P2 步驟的工具：5W2H、柏拉圖、層別法、流程圖

　　請問你在描述問題的時候，一般你是怎麼描述呢？會不會你描述完問題之後，其實你的主管還是聽不懂，或者當你把問題描述完之後，大家還是有很多問題請教你，你被大家一問就愣住了，然後自己也感覺怪怪的？

　　有一點職場資歷的人，可能在描述問題時，多少都有聽過一個簡單的方法，就是用人、事、時、地、物來描述問題。但是就算你懂得用人、事、時、地、物來描述問題，往往還是有很多地方讓人家聽不懂，你有這樣子的困擾嗎？另外，大家遇到問題是不是也不會做現況分析呢？這個時候你就可以試著使用 P2 步驟的四個工具：5W2H、柏拉圖、層別法、流程圖，來做問題描述與現況分析，以下針對這四個工具做說明。

1.5W2H

・　何謂 5W2H？

- 何時使用 5W2H ？

　在 P2 步驟中的描述問題使用，或是當你遇到問題，也可以用 5W2H 來描述問題。

- 如何使用 5W2H ？

　當遇到問題時，使用七個問項來自問自答，尋找答案，這七個問項沒有一定的順序，只是使用上習慣會先問 what，接著依序問 when、who、whom、where、how、how impact。

- 5W2H 案例 1：使用 5W2H 來描述「產品外觀異常」的問題

What	發生什麼問題？	產品外觀異常，比例達 30%（目標為 10%）
When	問題何時發生？	2019 年 5 月 20 日
Who	此問題是誰發現？	客戶的作業人員 Mr. LEE 發現此問題
Whom	影響哪些部門 / 人？	客戶、業務、品保、製造等被影響
Where	問題在哪裡被發現的？	在 A 客戶 3 號線
How	問題如何被發現？	客戶作業人員自主檢時發現
How Impact	問題的影響層面多廣？	影響客戶當月 5% 的營收

- 5W2H 案例 2：使用 5W2H 來描述「標籤破損率高」的問題

What	發生什麼問題？	標籤在由人工推瓶入箱過程中發生破損，破損率為 10%，目標為 5%（破損總數量 / 生產數量 = 破損率）
When	問題何時發生？	2019 年 4 月
Who	此問題是誰發現？	儲運倉儲員發現此問題
Whom	影響哪些部門 / 人？	儲運、製造、品管、生管等四個部門被影響
Where	問題在哪裡被發現的？	在倉庫做日常巡檢過程中
How	問題如何被發現？	在處理漏油污染品項時
How Impact	問題的影響層面多廣？	破損總工時為 1500 小時，破損費用合計共 20 萬元

- 5W2H 的技巧

  1. 任何「問題描述」都要走完 5W2H 的七個問項，沒答案就跳過，事後有答案再回填即可。

  2. 用 5W2H 描述問題時，儘量「量化」。其中 What 最重要，問題要明確且清楚。

		一般寫法	出貨延遲
What	發生什麼問題？	建議寫法	週一早上 80% 都會延遲 2 小時

3. 在 When 的問項，儘量要描述時間，只要有時間，就需要畫出時間軸的問題（用趨勢圖來呈現）。

4. 如果發生問題的指標有公式，就需要解釋公式的定義（What）。

5. 在 Whom 中影響哪些人或部門，這些是建立團隊的成員參考。

6. 把 5W2H 的問項串在一起，就是問題的完整描述。

2. 柏拉圖

· **何謂柏拉圖？**

以項目別分類數據，並按其大小順序排列的圖，從圖中可以看出重要的少數及其影響的程度（80/20 法則），以下的圖型就是柏拉圖，由左至右由大到小排列，「其他」擺最右邊。

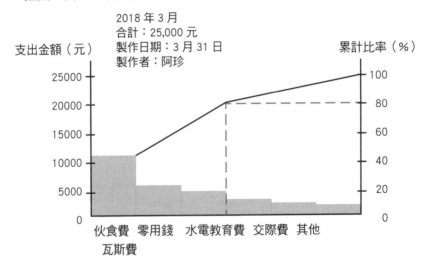

- 何時使用柏拉圖？

    1. 在 P2 步驟的問題分析。

    2. P6 步驟的確認改善效果中使用。

    3. 當一個問題分析或是項目分析，使用柏拉圖可以知道分布與影響程度。

- 如何使用柏拉圖？

    1. 決定調查事項。

    2. 收集資料。

    3. 按大小順序整理數據並計算累積比例。

    4. 繪製左右縱軸及橫軸。

    5. 繪入條圖及累積曲線。

    6. 決定重要少數並標出其比例。

    7. 寫下你的結論或發現。

- 柏拉圖案例

    此案例是阿珍 2018 年 3 月分，25,000 元的支出分布，從柏拉圖得知，阿珍 80% 的支出是在伙食費、零用錢、水電瓦斯費。

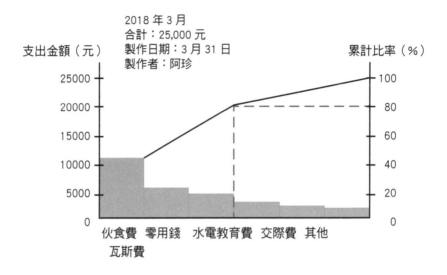

- 柏拉圖的技巧

  1. 柱子與柱子間要連在一起。

  2. 要標示 80/20 法則。

  3. 其他項要放在最右邊。

  4. 最好標示樣本期間。

  5. 分類要遵循「彼此獨立、沒有漏掉」原則。

3. 層別法

　　所謂層別法，為一種分層別類的過程，將資料根據某種標準或變數加以分類，分別作分析的方法。層別法需要結合柏拉圖、直條圖、大餅圖等來呈現。使用層別法的概念來分解問題並不難，它的

困難是如何快速找到某種標準或變數加以分類。大家不妨從下面四個角度來層別資料，可以加速你找到關鍵問題。

　　1. 從問題的指標公式組成來層別分解。

　　2. 從趨勢圖來層別分解。

　　3. 從流程圖來層別分解。

　　4. 用 5W2H 來層別分解。

・　何時使用層別法？

　　1. 當一群資料想分類時，就可以使用層別法。

　　2. 在 P2 與 P4 時使用。

・　如何使用層別法？

　　當一群資料時，建議可以使用一些變數來分類，例如：班別、產品別、區域別、年齡別、機器別、物料別等等，都是很好的變數。當分類完發現有些項目比例很高時，可以針對此項目再分類層別，記住層別只是過程，重點是層別後的結論或發現。

・　層別法的技巧

技巧一是先將一群資料做個別層別的分類，技巧二則是層別分類後，再做二次（或更多）層別分析（層別再層別），接下來將分別說明這兩個技巧。

技巧一：先將一群資料做個別層別的分類。

技巧二：第一次層別分類後，針對大比例的部分再做二次（或更多）層別分析（層別再層別）。

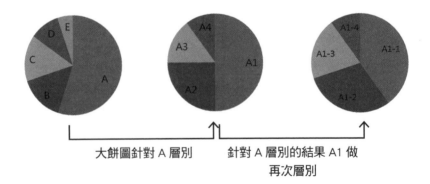

- **層別法案例**

　　針對某家公司的產品營收分別做層別分析，會運用到層別法的兩大技巧。

1. 資料個別層別（產品別）

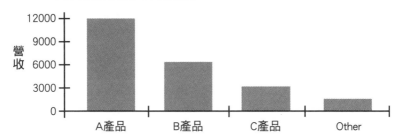

2. 層別再層別

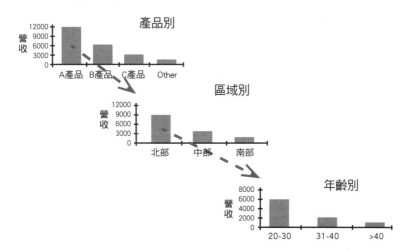

層別法產品營收分析：

1. A 產品在北部且大於四十歲以上賣得較差。

2. A 產品在中南部賣得較差，在北部賣得較好。

- 層別法的技巧

1. 從 5 W 2H、流程圖等尋找層別參數。

2. 對於解決問題有時間壓力，層別法是一個找出關鍵問題快速的工具之一。

3. 建議以直條圖、柏拉圖、大餅圖等圖形呈現。

4. 分析的資料最好有三個月的資料為母體。

5. 層別只是手段，重點是層別後的發現與結論。

6. 建議個別層別與層別再層別，這兩大層別方式交互使用。

4. 流程圖

- 何謂流程圖？

流程圖是利用各種方塊圖形、線條及箭頭等符號，來表達活動、步驟及進行的順序。

- 何時使用流程圖？

1. 想了解現況作法時可使用。

2. P2 這個步驟使用。

- 如何使用流程圖？

畫流程圖：需包含問題發生的流程段落，需包含可量測主題

KPI 的活動，流程圖常用符號如下：

符號	名稱	意義
⬭	開始 (Start) 或結束 (END)	流程圖開始或流程圖結束
▭	處理 (Process) 或活動 (Activity) 或任務 (Task)	處理 / 活動 / 任務程序
◆	判斷或決策 (Decision)	・一般判斷（是 / 否） ・不同方案下決策選擇
→	路徑 (Path)	指示路徑方向

　　流程圖包含兩個種類，一為動線流程圖，一為泳道流程圖（分為主流程或部門），完整的流程圖應該要說＝寫＝做，完全呈現每一步驟的細節。

1. **動線流程圖**：針對每一個主題或工作，按照時間軸的順序一個一個步驟畫出來，就可以看清楚全貌。
2. **主流程泳道流程圖**：先畫主要的流程步驟，再針對每一個主要流程步驟，拆解更細的流程。
3. **部門別泳道流程圖**：根據部門的功能，把流程圖畫出來，可以很清楚知道每個部門負責哪些流程步驟。

- 流程圖案例
  - **動線流程圖**：訂單文件輸入作業流程，共有十個步驟。

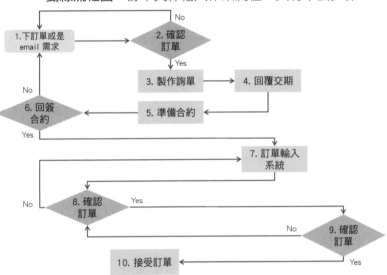

  - **主流程泳道流程圖**：下班後的生活流程，先畫主要的流程步驟，然後再針對主要流程畫詳細流程。

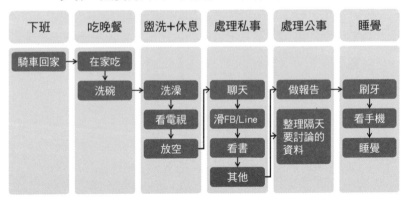

- **部門別泳道流程圖**：訂單文件輸入作業流程，從流程之中，得知此作業流程橫跨了五個功能職務。

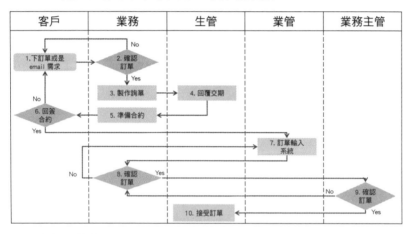

- 流程圖的技巧

  1. 要畫流程圖前，先決定範圍，開始與結束各是什麼？
  2. 建議畫流程圖由上而下由左而右。
  3. 流程圖分析越細越好，說＝做＝寫。
  4. 流程圖要畫出完整現況作業。
  5. 靠團隊一起完成流程圖。
  6. 善用便利貼，建議用色筆寫。
  7. 只要是「檢查或確認」，都是用菱形來呈現。
  8. 菱形判斷符號至多可以有 3 個輸出，至少有 2 個輸出。
  9. 如果流程的步驟作業無法完整說明，建議在步驟旁邊說明作業的要項。

10. 如果改善主題跟時間有關，建議流程分析要標示處理時間。

5-2-4 P2 步驟的 7 大心法

1. 精確的陳述問題比解決問題還來得重要。

2. 目標設定的邏輯要合理要務實。

3. 指標不清楚，改善方向就模糊。

4. 精確的陳述問題與現況分析，問題就能解決一半。

5. 掌握抓重點問題來解決。

6. 多了解問題過去的表現，有助於解決問題的新發現。

7. 完整的現況分析，有助於發掘問題背後的問題。

5-2-5 P2 步驟的關鍵整理

· 問題的指標要定義清楚，如：降低文件的錯誤率，需要解釋何謂「錯誤率」。

· 問題數據化且分析無誤，且用圖形佐證。

· 使用流程圖分析，清楚易懂。

· P2 強調問題的描述，不須探討原因。

· 改善前數據收集，至少有過去三個月的歷史資料。

5-2-6　P2 步驟的工具整理

工具 P2 步驟	5W2H	柏拉圖	層別法	流程圖
Step1 描述問題	✓			
Step2 盤點現況				✓
Step3 掌握差異及分析資料		✓	✓	
Step4 設定目標				
Step5 效益分析				

5-2-7　P2 步驟的自我練習

5W2H

What	發生什麼問題？	
When	問題何時發生？	
Who	此問題是誰發現？	
Whom	影響哪些部門／人？	
Where	問題在哪裡被發現的？	
How	問題如何被發現？	
How Impact	問題的影響層面多廣？	

流程圖

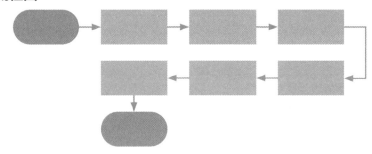

層別法

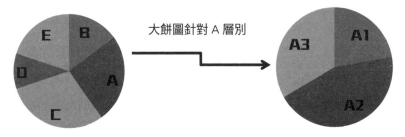

大餅圖針對 A 層別

柏拉圖

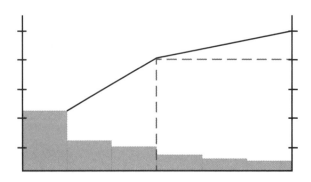

5-3 P3 列出、選定&執行暫時防堵措施

5-3-1 暫時對策常犯的錯誤

　　首先，我先來描述一個職場的場景：前幾天發生一個事件，公司有一批產品本來出貨都沒問題，這次不知道為什麼整批貨被客戶從美國退回來！為什麼會被退貨呢？損失太大了！我們明天要開會找出原因，然後趕快下一些對策。

　　有一部分的人認為這時候要找出原因、尋找對策，但是客戶已經把貨退回來了，公司可能要先做一些緊急的處理，至於要處理什麼？大家都沒有經驗。

　　另外一部分的人跳出來說，要做緊急處理可以呀，但是還搞不清楚這些是暫時對策還是永久對策，是防堵還是暫時的？到底在這個時間點要怎麼做呢？

　　上面的場景談的就是 P3 這個步驟，以下列出一些常犯的錯誤。

1. 暫時對策沒有百分之百的有效防止問題發生。
2. 沒有即時下暫時對策。
3. 暫時對策沒有持續性監控。
4. 有些問題沒有做暫時對策。

5-3-2　P3 步驟：列出、選定＆執行暫時防堵措施的說明

P3 步驟的目的：保護內外顧客在永久改正行動執行之前，免受到問題之影響，而且需要在問題發生的 24 小時內執行，並需要防止副作用的產生。

P3 步驟的 3 步驟：在這個大步驟中有三個小步驟，依序為列出可能暫時對策、選定最適暫時對策、執行暫時對策或防堵措施。接下來將逐一說明每一個小步驟的內容。

第一步驟：列出可能暫時對策

列出可能之暫時對策（防堵措施），可以透過以下每個簡單的方式，思考可能之暫時對策：

1. 腦力激盪。
2. 經驗法。
3. 專家法。

第二步驟：選定最適暫時對策

　　利用「矩陣圖」來評估及選定最適之暫時對策，建議準則為：效益性、可行性與成本性。

第三步驟：執行暫時對策或防堵措施

　　建議使用「PDCA」，並依據計畫執行暫時對策或防堵措施。

5-3-3　P3 步驟的工具：矩陣圖、PDCA

1. 矩陣圖

· 何謂矩陣圖？

　　所謂的矩陣圖法，是指利用二元性的排列，找出相對的因素，探索問題所在和問題的型態。另外也可以從二元性的關係中，獲得解決問題的構想。

· 何時使用矩陣圖？

　　1. P1 步驟選題可使用。

　　2. P3 步驟與 P5 步驟選定對策可使用。

· 如何使用矩陣圖？

　　首先把對策或想法放在左邊，右上方放入選定對策的準則，一般的準則有效益性、成本性、創意性、可行性、風險性……等，實務上可以任選三個準則，然後用 1、3、5 分來票選，每個人都要表達意見，最後選總分最高者為可能對策。

這是比較簡單的矩陣圖，一邊列對策，另外一邊列出準則，一般對策的準則有三個：可行性、成本性、效益性，透過這些準則給它 1、3、5 分去評分。評分有兩個方法，方法一我們是用平均值的概念，也就是大家看是要給他 1 分、3 分還是 5 分，做一個民主的表決取平均數。第二個方式是用總分的概念，每一個人都有機會表達分數，假設有三個人來做評分，兩個人各給 5 分，一個人給 3 分，總分就是 13 分，最後選分數最高的當作對策。

準則 對策	可行性	成本性	效益性	總分
1				
2				

評分準則：以 1/3/5 分來做評分，取最高分來當做對策。
評分的兩個方法：1. 平均值；2. 總分。

· **矩陣圖案例**

　　某家公司產生了客訴，所思考的暫時對策，結果經過矩陣圖評分，我們以最高的 11 分當作最後的對策，所以最後的對策就是再增加一個人在出貨前做檢查。

	準則 / 對策	可行性	成本性	效益性	總分
1	買一臺檢驗設備來作品質檢查	1	3	5	9
2	出錯的產線暫時停線	3	1	3	7
3	再增加一個人在出貨前做檢查	5	5	1	11

- 矩陣圖的技巧

  1. 針對 1、3、5 分要給量化的準則說明。

  2. 不管做任何決定，評估準則至少要有三個。

2.PDCA

- 何謂 PDCA ？

  就是 Plan、Do、Check、Action，任何事情都可以透過 PDCA 來規畫，在這步驟的 PDCA 是指規畫如何驗證對策，執行驗證的方法、步驟，接著在執行的過程中做資料分析，最後從資料分析中，專業判斷此對策是否為最適策，因為只是驗證對策，所以時間不用太長，樣本也不用太多。

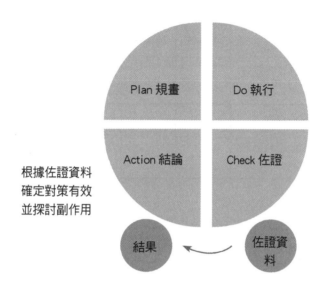

- **何時使用 PDCA ？**
    1. 驗證可能真因時使用。
    2. 驗證對策時使用。

- **如何使用 PDCA ？**

    透過四步驟系統化方法，有效驗證對策：

    - **步驟一 Plan**：要驗證什麼、誰去驗證、在哪裡驗證、何時去驗證。
    - **步驟二 Do**：包含執行的步驟。
    - **步驟三 Check**：執行後資料的呈現（樣本數不用太多）。
    - **步驟四 Action**：從資料中作專業判斷（對策有效還是無效）。

- PDCA 案例

　　此案例是要驗證是否再增加一個人，在出貨前檢查可以百分百防堵客訴的發生。

When	2018 年第三季
Who	請品質檢驗部門負責
What	增加一位品質檢驗人員，100%全檢
Where	出貨前

How	觀察增加一位品質檢驗人員之後的客訴狀況

Plan 規畫　Do 執行

結果確認　Action 結論　Check 佐證　觀察結果

增加一位品質檢驗人員
真的可以防堵客訴發生，
此效果需要持續監控。

連續二星期沒有
客訴發生

- PDCA 的技巧
  1. 在規畫中驗證方法要詳加說明（Plan）。
  2. 驗證的樣本不用太多，但是需有代表性。
  3. 在資料分析（Check）中，最好使用圖片、流程、資料來呈現，較一目了然。
  4. 在「驗證對策」的 PDCA 中，要確認可驗證出這個「可能對策」可改善問題，主要在驗證目的、手段的有效性。

5-3-4 P3 步驟的 3 大心法

1. 暫時對策需要快、狠、準，強調 100%杜絕。
2. 暫時對策若有效，客戶馬上感受到。
3. 防堵只能治標，根除方能治本。

5-3-5 P3 步驟的關鍵整理

- 異常型問題一定需要有 P3。
- 改善型問題 P3 的步驟可以有彈性選擇要或不要。
- 暫時對策需在問題發生的 24 小時內實施。
- 暫時對策需追蹤到 P6 執行永久對策與效果，才可以決定是否須取消暫時對策。

5-3-6 P3 步驟的工具整理

P3 步驟 ＼ 工具	矩陣圖	PDCA
Step 1 列出可能暫時對策		
Step 2 選定最適暫時對策	✓	
Step 3 執行暫時對策或防堵措施		✓

5-3-7　P3 步驟的自我練習

- 矩陣圖

對策　　　　　　　　　　準則	可行性	成本性	效益性	總分

- PDCA

Plan	Do
What： Who： Where： When：	How：
Action	**Check**

5-4　P4 列出、選定&驗證真因

5-4-1　原因分析常犯的錯誤

記得有一年，有家光電大廠找我輔導持續改善的文化，為什麼這家公司要導入持續改善的文化呢？原因是他們過去都是以研發工程製程方面來做提升跟發展，這些硬實力當然很重要，不過公司高階主管慢慢覺得軟實力也相當重要，只是這家公司在過去對軟實力沒有那麼重視。

我上了一些課程之後，也做了專案的輔導，到了年底，舉辦了一個專案發表大會。在發表大會上，公司總經理致詞中有一句話，到現在我還是印象深刻：「記得二十多年前我還在工研院當工程師的時候，當時我們在找原因時，用的工具是魚骨圖。但是二十多年後的現在，我看到公司內部還是在用魚骨圖找原因，我只想告訴大家，如果二十年前的問題比較簡單，二十年後的問題比較困難，為什麼我們使用的工具還是魚骨圖呢？大家可以想一想這個問題。」

聽完總經理這番話，我的感受很深，他談的就是與時俱進的工具，倒不是說有問題要找原因用魚骨圖是不對的，而是看問題的複雜度來做決定，並非所有找原因的工具只有魚骨圖。

另外在企業培訓時，我都會問大家一個問題，當你的問題在想原因時，一般你們都想出幾個原因呢？這時候就會聽到很多答案，有的說三個，有的人說大概六個或八個，這些數字大概脫離不了十

幾個上下。接著我會問，這十幾個你們是不是早就知道的原因了？先射箭再畫靶，只是為了使用工具而使用，而沒有用到工具真正的精神！

　　每次我說完這一段，幾乎全班的人都會大笑。還有當原因寫出來之後，你會發現從結果去找原因看似合理，但是從原因往回推，是不是產生這個結果，這個在邏輯上面就容易大打折扣。

　　從問題要找原因的常犯錯誤，除了上面的情況外，還有下列這些狀況：

1. 原因思考不夠發散。
2. 喜歡用經驗及直覺探討問題原因。
3. 原因探討不夠深入。
4. 真因的驗證未有佐證資料呈現。
5. 我們都認為這些是真因，所以不管工具如何使用，最後的真因一定是我們認為的真因。
6. 往往真因驗證內容，都是使用對策來驗證真因。

5-4-2 P4 步驟：列出、選定＆驗證真因的說明

　　P4 步驟的目的：在這個步驟中就是要來找凶手了，大量尋找可能的原因與收斂可能的真因，都是這個步驟的重要關鍵，最後利用佐證資料來驗證可能真因，便能找到問題的真正原因。在 P4 步驟是從發散變收斂的思維，如下圖所示：

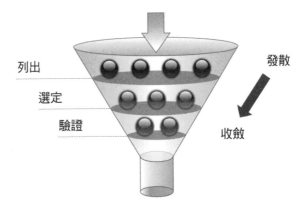

　　P4 步驟的 3 步驟：在這個大步驟中有三個小步驟，依序為列出可能原因、選定可能原因、驗證可能真因，接下來將逐一說明每一個小步驟的內容。

第一步驟：列出可能原因

集合與問題相關人員進行腦力激盪，蒐集多數意見，經充分思考討論，列出所有可能的原因措施，可透過以下七個工具來列出可能原因：

1. 腦力激盪。
2. 經驗法。
3. 專家法。
4. 魚骨圖。
5. 關聯圖。
6. Why Why 分析法。
7. 專利查詢。

一個簡單的問題，只要想出 5 到 10 個問題的可能原因就可以了，但如果是複雜的問題，我都會建議列出 30 個以上可能問題的原因，因為解決問題有時候要跳脫你的框架，在尋找原因的時候要儘量發散原因，而列出可能原因的數量多寡，就是跳脫原因分析框架的一個技巧。

第二步驟：選定可能原因

如果你列出的可能原因不多，或許你可以根據列出可能的原因一個一個去驗證，如果你列出的可能原因非常的多，這個時候第二個步驟選定可能原因就變得非常重要，因為你如果省略這個步驟，

你去驗證可能原因的成本就會變多，驗證的時間就會拉得很長。

在這個步驟中目的就是觀察事實，使原因與結果的關係明確化，可使用三觀法、柏拉圖等工具來決定「最可能原因」。

第三步驟：驗證可能真因

從選定可能原因，然後使用佐證資料來驗證問題可能的真因，因此你不能再用過去的直覺、想法來說這就是凶手，必須要提供強而有力的資料來說服別人凶手已經找到，為了讓驗證流程有系統的驗證，建議可以使用 PDCA 這個方法來驗證這些可能的真因。

5-4-3　P4 步驟的工具：Why Why 分析、三觀法、PDCA

列出可能原因、選定可能原因、驗證可能真因等三個步驟，其實都有各自相對應的工具，這些工具你可以單獨使用，也可以使用在這三個步驟中，只是當你使用在這三個步驟中，工具的選用就不能選錯。以下就分別來說明這三個工具：Why Why 分析、三觀法、PDCA。

1.Why Why 分析

· 何謂 Why Why 分析？

Why Why 分析是「反覆提出為什麼為什麼」，是一種垂直式思考，針對問題一層又一層的深入，不斷問 Why Why，就好像是挖洞

一樣，一層一層的往下深入，如下面的冰山一樣。

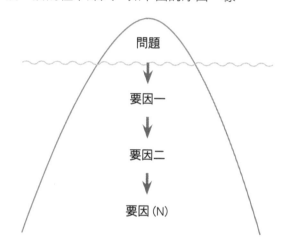

只是在 Why Why 分析中挖一個洞是不夠，另外你還需要使用水平式思考法，所謂的「水平式思考法」，就是多挖幾個洞來分析，然後每一個洞都要一層一層的往下深入，這樣的分析才會把問題所有可能的原因都列出來，沒有遺漏。

另外所有的因→果 / 果←因都要符合邏輯，如下圖所示：

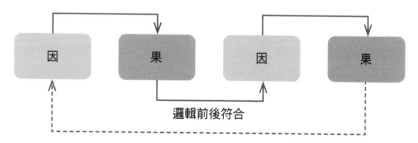

　　這裡我舉個例子，比如有可能是因為考試前都沒有看書，所以造成數學考不好，所以就變成「考試前都沒有看書」是原因，「數學考不好」是結果，大家可以用運用簡單的技巧，就是「因為……，所以……」，這就是所謂的因→果的邏輯。

　　往回推，就是「為什麼數學考不好」，因為「考試前都沒有看書」，所以大家可以運用簡單的技巧，就是「為什麼……，因為……」，這就是所謂果←因的邏輯。

　　所以所有的 Why Why 分析的因→果 / 果←因都要符合邏輯，都要合情合理。

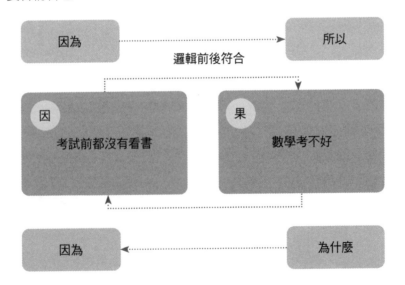

Why Why 分析有兩種呈現方法，一種是由上而下，另一種是由左往右。

1. 由左往右

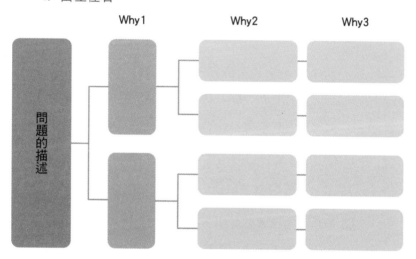

2. 由上而下

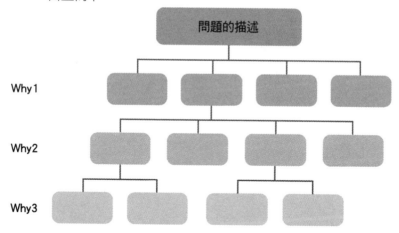

- 何時使用 Why Why 分析？
  1. 尋找問題的可能原因。
  2. P4 步驟的列出可能原因。

- 如何使用 Why Why 分析？

　一般 Why Why 分析的呈現方式可以由上而下，也可以由左往右，因我過去的習慣關係，以下 Why Why 分析都由左往右呈現。

  1. 首先把問題放在左邊，然後開始思考是什麼原因造成這個問題，有可能在此步驟你思考原因會有遺漏，所以在此你可以用層別法的概念，是什麼方法錯誤造成這個問題？或者是物料或者搬運方式造成這個問題？為了讓底層的問題更加完整、更全面，建議你在這一層可以使用層別法。
  2. 原因出來之後，要回頭去檢視這樣的邏輯合不合理，也就是問題是否能導出這幾個原因，這幾個原因是否也會造成這個結果的發生，如果都沒有問題，代表第一層的原因結束了。
  3. 接著我們把底層的原因當作是問題，再往下思考原因，思考的過程一樣可以使用層別法的概念，讓第二層的原因也相對完整。這個果會不會導致這個因，這個因是不是真正造成這個果，你可以做前後邏輯的對照。
  4. 接著再把第二層的原因當做問題，往下問第三層的原因，如此一直反覆往下，我建議至少問到第三層，最深可以問到第六層，甚至第七層。

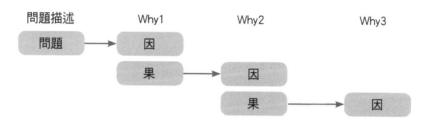

- Why Why 分析案例

以下舉三個 Why Why 分析案例來說明，讓大家可以更熟悉此工具。

案例 1：為什麼公司產能無法衝高？

以下的 Why Why 分析就是針對「產能無法衝高」來思考可能的原因。

從結果找原因 為什麼 因為 為什麼 因為 為什麼 因為			
為什麼公司產能 無法衝高？	**Why1**	**Why2**	**Why3**
	· 排班效率不足	· 人員輪班意願不高 · 只有日班人員	· 會影響生活品質 · 輪班的誘因不足

從原因往回問 所以 因為 所以 因為 所以 因為

Why1：為什麼產能無法衝高？因為排班效率不足。

Why2：為什麼排班效率不足？因為人員輪班意願不高。

Why3：為什麼人員輪班意願不高？因為會影響生活品質，以及輪班的誘因不足。

以上的問法是從結果去找原因，邏輯大致上是沒有問題的，接著我們就可以往回問看看邏輯是否通順。

· 因為影響生活品質，所以人員輪班意願不高。

· 因為人員輪班意願不高，所以排班效率不足。

· 因為排班效率不足，所以產能無法衝高。

往回問的邏輯也沒什麼大的問題，所以這個例子前後的邏輯都通順。只是在描述 Why Why 分析的時候，可能還不夠發散。例如：只有排班效率不足會影響產能無法衝高嗎？難道沒有第二個原因嗎？是不是有可能最近的機臺常常故障，所以造成產能無法衝高？

因此這個 Why Why 分析，應該要列出所有的可能原因，這樣的 Why Why 分析才會完整。

案例 2：為什麼每個月晚睡的頻率高？

從結果找原因	為什麼 → 因為	為什麼 → 因為	為什麼 → 因為
為什麼每月晚睡的頻率高？	Why1	Why2	Why3
	把公事帶回家做	做事效率差	· 個性愛拖延 · 時間分配不當
從原因往回問	所以 ← 因為	所以 ← 因為	所以 ← 因為

Why1：為什麼每個月晚睡的頻率高？因為把公事帶回家做。

Why2：為什麼把公事帶回家做？因為做事效率差。

Why3：為什麼做事效率差？因為個性愛拖延以及時間分配不當。

接著我們往回問看它的邏輯。

· 因為個性愛拖延，所以做事效率差。

· 因為做事效率差，所以把公事帶回家做。

· 因為把公事帶回家做，所以每個月晚睡頻率就會高。

這個例子的前後邏輯沒什麼問題，只是這個例子會因每個人的情境而有不同的原因。

案例 3：為什麼上班未打卡？

請大家用 Why Why 分析來想這個問題的原因。

以下的案例是我之前授課的某個學員寫的，不知道跟你寫得是否一樣？

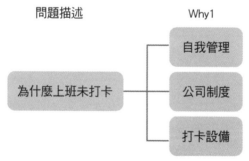

實際上這個案例是有問題的，你可以從上圖看到他寫的底層原因，自我管理、公司制度，以至於打卡設備，這些原因寫得都不是很清楚。

比如打卡設備，是發生了什麼原因，造成你上班未打卡？這裡

的原因描述得不夠清楚。而自我管理，是因為自我管理的什麼原因
使你上班未打卡呢？這樣的原因描述並不清楚發生了什麼事。如果
把它改成因為上班的打卡設備異常，所以造成上班未打卡，這樣的
邏輯就比較行得通。又或者自我管理把它改成自我管理不足，所以
造成上班未打卡，如下圖所示。

接著這個問題還可以繼續往下問 Why，參考下圖所示。

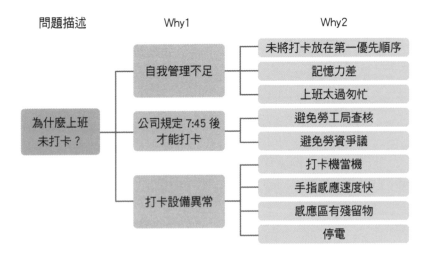

- Why Why 分析的技巧

  1. 原因的描述要名詞或主詞＋偏差。
  2. 原因層要分 3 到 6 層。
  3. 思考第一層原因時，可以使用層別法的概念來思考，這樣才不會有原因沒有思考到。
  4. 所有的原因總數至少要 ≥20 個。
  5. 如何確定 Why Why 分析已到可能真因的最底層？（後面還有沒有一隻手在控制？）
  6. 先水平思考原因，再垂直思考底層的原因。
  7. 最後一層原因無解時，可以往前面一層原因尋找，如果最底層是 Why4（N ＝ 4），往 N-1（Why3）尋找。

在此我舉個例子，我相信每一個人都曾經歷過發燒的問題。

- **第一層**：什麼原因讓你發燒呢？原因可能是因為著涼了。
- **第二層**：什麼原因讓你著涼呢？原因有可能是你時常在冷氣房裡不知不覺就睡著了。
- **第三層**：為什麼你常常在冷氣房內睡著呢？可能的原因是你很喜歡看深夜節目，所以造成你常常在冷氣房內睡著。
- **第四層**：為什麼你看深夜的電視，然後在冷氣房睡著就會發燒呢？原因是不是你的身體有天生的缺陷，才會容易發生這樣的問題？

假設最深層的原因是你的身體可能有缺陷，那麼你的對策就是要改變你的 DNA。雖然改變 DNA 在現在不是那麼困難，實務上

的成本與效益卻會受到質疑，所以這個時候需要往前面一層（第三層）的原因來尋找對策。比如你喜歡在深夜看電視，那麼是不是可以用電視的錄影功能，把你喜歡的電視先錄起來，利用其他時間再看。這就是前面所講的，你最深層的原因無法解決時，你就可以往前面一層或者前面兩層去尋找解法。

我很喜歡把 Why1、Why2、Why3 變成一個數學代碼 N 來取代，假設你的問題可以問到最深層次 Why4，那麼你的 N＝4；如果你的問題可以問到第三層，那麼你的 N＝3。所以公式就是當你最深層的原因沒有辦法解決時，就可以往前一層（N-1）的原因下對策。

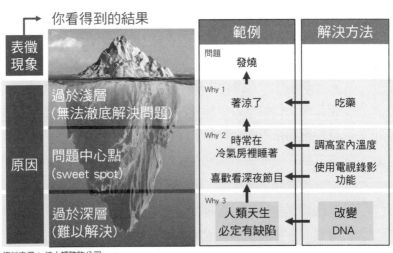

資料來源：波士頓諮詢公司

8. 因→果與果←因，之間的因果關係都要符合邏輯。

9. 不會只有一個原因造成一個果，儘量要打破框架去思考，是

不是還有其他原因也會造成這個結果。

10. 最底層的原因還是需要佐證資料。

2. 三觀法

・ 何謂三觀法？

所謂的三觀法，就是三項的觀察，利用三個準則來做分數的票選，三觀法是 PJ 法裡面我實務上所創新的一個方法。

1. 觀察頻率高低。
2. 觀察因果強弱。
3. 觀察衝擊大小。

透過這三個觀察來尋找可能的問題真因。

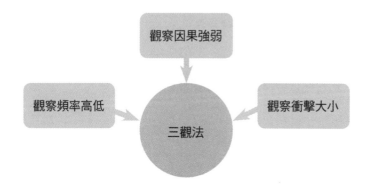

- **何時使用三觀法?**

　　當你列出可能問題的真因數量非常多時,這時會建議你使用三觀法,過濾掉一些可能不是真因的部分。若未透過這個方法觀察,你列出的可能真因每一個都要驗證,成本較高且時間會相對很長。

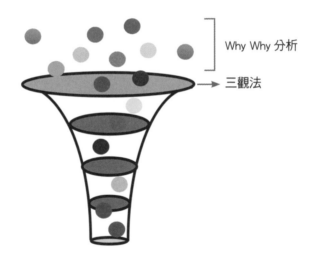

　　上圖的概念是告訴大家,可以透過 Why Why 分析列出可能的原因,再透過三觀法來做可能原因的篩選。

- **如何使用三觀法?**

　　首先把列出的可能原因放在三觀法的縱軸,再把三觀法的準則放在橫軸,如下表所示:

問題	可能原因	頻率高低	因果強弱	衝擊大小	總分

- 三觀法的評分準則如下：
  1. **觀察頻率高低**：過去的一段時間，就你們的觀察，如果有這個因，就一定會發生這個果，那麼按照它的發生率的高低，我們給它 1 分、3 分、5 分。
  2. **觀察因果強弱**：什麼叫因果性呢？就是這個原因造成問題的果，如果它的因果性很強，我們就給它 5 分，還好就 3 分，最低就 1 分。
  3. **觀察衝擊大小**：這個因會衝擊這個果的強度，我們給它 1 分、3 分、5 分，建議三個準則的總分 70% 或 80% 為可能真因。

- 三觀法案例

濃度過高的問題，最後有兩個可能的原因，分別是馬達皮帶無預警的斷裂，以及目前只有一臺設備。經過三觀法的票選，總分 90 分，72 分以上為可能真因，因此可能真因為「目前只有一臺設備」。

問題	Why1	Why2	Why3	頻率高低	因果強弱	衝擊大小	總分
濃度過高	換氣量不足	排氣設備未開啟	馬達皮帶無預警斷裂	30	18	6	54
		排氣設備不足	目前只有一臺設備	22	30	30	82

・ 三觀法的技巧
　1. 參與討論的成員需要對主題有所了解。
　2. 票選先說明原因,確定大家都清楚才開始進行。
　3. 在使用三觀法分析的時候,有可能會發生有些人對每一個觀
　　察有很大的分歧,這個時候必須把很大分歧的部分拿出來再
　　加以分析。

3.PDCA
・ 何謂PDCA?
　　就是 Plan、Do、Check、Action,任何事情都可以透過 PDCA
來規畫,只是在 PJ 法中,驗證可能真因的 PDCA 是指規畫如何驗
證可能真因,執行驗證的方法、步驟,接著在執行的過程中,做資
料分析,最後從資料分析中,專業判斷此可能真因,是否是「真正
造成問題的原因」。

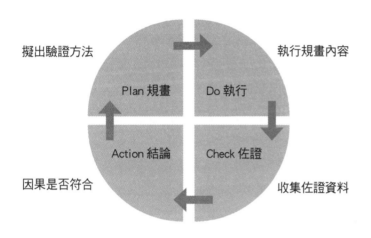

擬出驗證方法　　　　　　　　　執行規畫內容

Plan 規畫　　Do 執行

Action 結論　　Check 佐證

因果是否符合　　　　　　　　　收集佐證資料

- 何時使用 PDCA ？
  1. 驗證可能真因使用。
  2. 驗證可能對策使用。

- 如何使用 PDCA ？
  透過四步驟系統化方法，有效驗證真因：
  - **步驟一 Plan**：要驗證什麼、誰去驗證、在哪裡驗證、何時去驗證。
  - **步驟二 Do**：包含執行的步驟。
  - **步驟三 Check**：執行後資料的呈現。
  - **步驟四 Action**：從資料中作專業判斷（是真因還是非真因）。

- PDCA 案例

　　使用 PDCA 驗證可能真因，驗證「會議組織者沒溝通清楚會議目的」是否會造成「會議無效率」的可能真因，透過 PDCA 驗證，結論是「會議組織者沒溝通清楚會議目的」是造成「會議無效率」的真因。

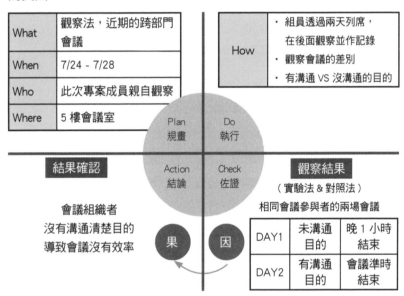

- PDCA 的技巧
  1. 資料收集方式：我們在驗證問題的可能真因時，一般驗證方法有幾個方式。首先可以拿過去的資料來驗證，證明這樣的原因確實造成這個問題的發生。如果沒有過去留存的資料，那就必須從某個時間點開始做資料收集，因為沒有資料，

很難説服他人這樣的原因會造成這個問題。因為只是在做驗證，時間不會太長，樣本數也不會要求太多，只需要一些時間就可以收集到你要的數字。

2. 驗證方式：驗證的方式可以使用對照組跟實驗組，所謂的對照組就是目前的現況，實驗組是你設計一個簡單的小實驗，來證明實驗組跟對照組確實有不同的差異。另外大家在驗證的時候，尤其是實驗組，都會很習慣的直接拿對策的方法當做實驗組，這時我會告訴學員，你把對策都拿到驗證真因來用了，如果找到真因，你的對策該怎麼下呢？這樣的邏輯對嗎？你把永久對策拿到驗證真因來使用，邏輯是不對的。

3. 如果驗證出來的結論，跟大家過去的專業不一樣，建議大家還是要有懷疑的態度。

4. 在「驗證真因」的 PDCA 中，要確認可驗證出這個「可能真因」會導致問題的發生，主要在驗證因果性。

5-4-4 P4 步驟的 5 大心法

1. 事實管理，根據事實，讓資料來説話。

2. 追根究柢、不斷問 Why Why。

3. 真因不清楚，對策就模糊。

4. 跳脱尋找真因的思維技巧之一，就是大量發散問題的可能原因。

5. 不管真因自己能不能解決，先列出再討論，沒有列出就永遠
都不知道這個真因。

5-4-5 P4 步驟的關鍵整理

1. 禁止利用投票來決定真因。

2. 需要使用數據來驗證真因。

3. 列出問題的可能原因要儘量發散再發散，因為找問題的原因
要跳脫你的框架，數量是跳脫框架的技巧之一。

4. 在驗證可能真因的時候，要很清楚它們的因果關係。

5. 在找出問題的可能真因，一定要深入追查主要的原因。

5-4-6 P4 步驟的工具整理

P4 步驟＼工具	Why Why 分析	三觀法	PDCA
Step1 列出可能原因	✓		
Step2 選定可能原因		✓	
Step3 驗證可能真因			✓

5-4-7 P4 步驟自我練習

· Why Why 分析

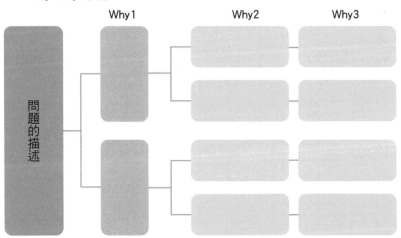

· 三觀法

問題	可能原因	頻率高低	因果強弱	衝擊大小	總分

- PDCA

Plan	Do
What： Who： Where： When：	How：
Action	Check

5-5　P5 列出、選定&驗證永久對策

5-5-1　對策思考常犯的錯誤

幾年前我在企業培訓問題分析與解決的課程時，有一組學員的題目是「改善新進人員初到公司時，如何快速了解部門內所有專案管理的知識與技能」。他們找出很多的原因，其中一個是他們認為內部書面文件太多且閱讀性不強，所以需要花很多時間閱讀。所以這組開始思考對策，當時他們想出來的對策只有一個──請人資部門協助錄製數位課程。

後來我就告訴這一組，不要只想出一個對策，要多想幾個，到時候我們再從幾個對策中挑選。後來這一組學員又多想出兩個對策，第二個是找部門內比較厲害的同仁用手機錄製，第三個是去網路上找有沒有相關的影片給新人看。以上就是他們花了一點時間所想出的三個對策，你覺得他們最後挑出哪一個來執行呢？

他們這一組只想解決眼前的部門難題，因為不想花額外的時間，也不希望有額外的工作負荷，最後選出的對策還是一開始想到的，請人資部門協助錄製數位課程。

上面的故事我歸納出幾個對策思考的盲點。首先大家在思考對策時都非常單一，好像希望只想一個對策就可以執行。另外，就是當想出兩、三個對策後，最後選擇出來的對策，還是站在學員自己的角度來選擇。這樣的選擇沒有不好，只是如果是共通性的問題，

選擇站在部門或公司角度會讓對策發揮更大的功能。所以在對策的
思考除了以上兩個盲點之外，我整理了幾個對策思考盲點如下：

1. 對策未與原因對應清楚。
2. 對策執行後，卻未確認是否有效。
3. 一個原因發想只對應一個對策。
4. 只用固有技術，未用管理技術改善。
5. 對策實施經過交代不清。
6. 沒有消除原因的對策。
7. 沒有考慮對策的副作用。
8. 對策比較沒有創意。

5-5-2　P5 列出、選定及驗證永久對策的說明

P5 步驟的目的：大量找出可能之對策，選擇可達到目的最佳
永久對策，因此此步驟的思維也是發散變收斂。並經由實行前測試
計畫，確認所選定之永久對策可達到顧客的滿意，且不會導致其它
問題之發生。

改善措施應被證明能改善整個專案目標，並帶有創造性及創
意，而且這些解決方案如果有副作用，必須有解決副作用的做法。

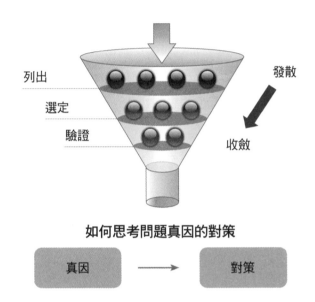

如何思考問題真因的對策

P5 步驟的 4 步驟：在這個大步驟中有四個小步驟，依序為發展可能對策、評估及選定最適策、測試及驗證最適策、檢討最適策之副作用。在 P5 步驟是從發散變收斂的思維，如上圖所示，接下來將逐一說明每一個小步驟的內容。

第一步驟：發展可能對策

　　根據 P 4 步驟的問題真正原因，發展可能的對策。有時候一個真因確實可以想一個對策來解決，但是我會建議，如果一個真因可以想更多對策，或許最好的對策就是在眾多對策裡。所以在這個步驟中，你要發散思考更多對策的數量，一般都會建議一個真因可以思考三到五個對策。而且這些對策，如果能夠更有創意當然是越好，可以善用一些創意工具來發想。以下的創意工具是用來發散思考對策：

　　1. 系統圖、創意五招。
　　2. 創意的工具：心智圖、聯想法、概念樹、TRIZ、創意五招……
　　3. 標竿學習法：同業標竿、異業標竿。
　　4. 與時俱進的方法：機器人、物聯網、AI、VR、QR、App……
　　5. 社群的力量。

第二步驟：評估及選定最適策

　　當對策想出來之後，接著就要從眾多的對策來做決策與評估，到底哪一個對策可以真正的把問題的真因消除呢？在這個步驟評估跟選定最適策，我列了三個決策方法，大家可以從三種方法中選擇一種來執行，並請清楚說明對策的詳細內容：

　　方法 1：決策矩陣圖。
　　方法 2：必要 / 想要決策分析法。
　　方法 3：Pugh 決策矩陣圖。

第三步驟：測試及驗證最適策

　　從評估及選定最適策，然後使用佐證資料來驗證最適對策，因此你不能再用過去的直覺與想法來說對策有效果，你必須要提供非常強而有力的資料來說服人家。為了讓測試及驗證最適策這個驗證流程更有系統，建議可以使用 PDCA 這個方法來驗證這些最適對策，只是驗證對策所以驗證時間不用太長，樣本也不用太多。

第四步驟：檢討最適策之副作用

　　對策的驗證也要考慮副作用的探討，一個真正好的對策是能夠消除真因並且沒有副作用，若對策有副作用，則必須做全盤分析，並訂定其預防計畫與應變措施。

　　通常檢討最適策之副作用，我們會在 PDCA 驗證方法的第四步驟，也就是 A（Action）這個步驟來討論。

5-5-3　P5 步驟的工具：系統圖、決策分析法、PDCA、創意五招

　　列出可能對策，選定可能對策，驗證可能對策及檢討最適策之副作用等四個步驟，其實都有各自相對應的工具，這些工具你可以單獨使用，也可以使用在這四個步驟中，只是當你使用在這四個步驟中，工具的選用就不能選錯。以下就分別來說明這四個工具：系統圖、決策分析法、PDCA、創意五招。

1. 系統圖

- **何謂系統圖？**

　　系統圖是依照目的與手段，有系統地整理對策的方法。所謂的手段就是指對策，意指為了達成此目的思考有什麼方法可以達成。

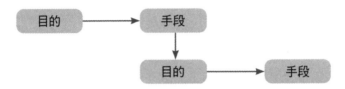

- **何時使用系統圖？**

　　在 P3 步驟與 P5 步驟思考對策的時候可以使用。

- **如何使用系統圖？**

　　左邊是目的，接著思考有什麼手段可以達成目的，思考出來的手段當作目的，再往下思考有何手段可以達成目的，逐一的往下思考，直到手段清楚為止，快的第一層手段就完成，慢的話要二、三層目的手段才停止。

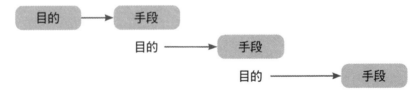

　　上面的示意圖，從目的手段，共展開了三次的目的手段，最後一層的手段就是真正要達成目的的對策。

- 系統圖案例

　使用系統圖來思考「如何提升企業培訓的有效性」，最後我們共列出六個對策來達成此目的。為了思考對策有全面性，思考第一層手段時，可以使用層別法的概念，像第一層的手段，就使用課前、課中、課後來層別。

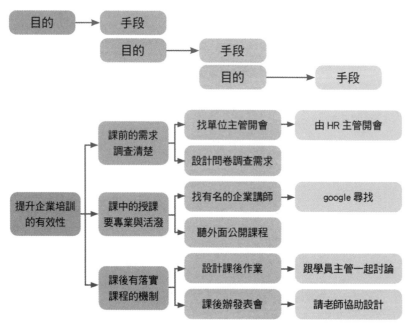

- 系統圖的技巧

　1. 針對真因至少要想 3 到 5 個對策。

　2. 思考對策擅用一些創意的方法。

　3. 對策不能寫太模糊，例如寫「加強教育訓練」就不是那麼清

楚，建議可寫成「建立教育訓練後落地的機制」。

4. 如果對策想不出來，善用創意 5 招激發你的創意。

2. 決策分析法

在 PJ 法的決策分析法中，共有三種不同的決策分析，每一種決策分析有它的優點，當你遇到問題的時候，你可以根據需求選擇不同的方式來做決策，以下說明三種決策分析法：**矩陣圖、必要 /想要決策分析法、Pugh 決策矩陣圖**。

・　何謂矩陣圖？

所謂的矩陣圖法，是指利用二元性的排列找出相對的因素，探索問題所在和問題的型態。另外也可以從二元性的關係中，獲得解決問題的構想。

・　何時使用矩陣圖？

1.　P1 步驟選題可使用。

2.　P3 步驟與 P5 步驟選定對策可使用。

・　如何使用矩陣圖？

首先把對策或想法放在左邊，右上方放入選定對策的準則，一般的準則有效益性、成本性、創意性、可行性、風險性……等，實務上可以任選三個準則，然後用 1、3、5 分來票選，每個人都要

表達意見，最後選總分最高者為可能對策。評分有兩個方法，一種是取平均值，另一種是取總分。

這是比較簡單的矩陣圖，一邊列對策，另外一邊列出準則，一般對策的準則有三個：可行性、成本性、效益性，透過這些準則給它 1、3、5 分去評分。評分有兩個方法，方法一我們是用平均值的概念，也就是大家看是要給他 1 分、3 分還是 5 分，做一個民主的表決取平均數。第二個方式是用總分的概念，每一個人都有機會表達分數，假設有三個人來做評分，兩個人各給 5 分，一個人給 3 分，總分就是 13 分，最後選分數最高的當作對策。

準則 對策	可行性	成本性	效益性	總分
1				
2				

評分準則：以 1/3/5 分來做評分，取最高分來當做對策。
評分的兩個方法：1. 平均值；2. 總分。

· **矩陣圖案例**

如何提升企業培訓的有效性：結果經過決策矩陣圖評分，我們以最高的 11 分當作最後的對策，所以最後的對策就是課後要有落實課程的機制。

準則 對策	可行性	成本性	效益性	總分
1 課前調查清楚課程的需求	1	3	5	9
2 課中的授課要專業活潑	3	1	3	7
3 課後有落實課程的機制	5	5	1	11

· **矩陣圖的技巧**

　　1. 針對 1、3、5 分要給量化的準則說明。

　　2. 不管做任何決定，評估準則至少要有三個。

· **必要／想要決策分析法**

　　此種分析方法是把準則分成「必要準則」與「想要準則」，只要對策方案沒有通過必要準則，就代表不會選擇它當對策，也就是必要準則一定要符合。

　　只要通過必要準則，它就會進到想要準則的評估，想要條件是指如果有更好，在評估時會給想要準則一些權重，一般都是 1 到 10 分，最高 10 分，最低就是 1 分，因此可以針對想要條件之重要性，進行重要性評分。最後選出來的對策或方案，就是通過必要準則，並且在想要的準則加了權重之後分數最高的。

必要準則	方案 A		方案 B		方案 C	
必要的	資訊	是/否	資訊	是/否	資訊	是/否
準則一	方案A在準則一的資訊		方案B在準則一的資訊		方案C在準則一的資訊	
準則二						

想要準則	想要準則的權重（1-10）	資訊	多好(1-10)	分數	資訊	多好(1-10)	分數	資訊	多好(1-10)	分數
準則一		A方案在準則一的資訊								
準則二										
總分										

- 何時使用必要/想要決策分析法？

  P5 步驟可使用。

- **必要 / 想要決策分析法案例**

買車需求，挑選 3 部車款進行抉擇，首先要先收集下表的資料，才能進行分析。

車款	2018 Corolla Altis	2018 Camry	2018 RAV4
廠牌	Toyota	Toyota	Toyota
售價	經典款（70.9 萬）	經典款（91.9 萬）	經典款（84.9 萬）
車身型式	4 門 5 人座	4 門 5 人座	5 門 5 人座
變速系統	CVT 7 速手自排	6 速手自排	CVT 7 速手自排
引擎型式	自然進氣，直列 4 缸	自然進氣，直列 4 缸	自然進氣，直列 4 缸
	DOHC 雙凸輪軸，16 氣門	DOHC 雙凸輪軸，16 氣門	DOHC 雙凸輪軸，16 氣門
排氣量	1798cc	1998cc	1987cc
性能數據	140hp@6400rpm	167hp@6500rpm	146hp@6200rpm
	17.6kgm@4000rpm	20.3kgm/4600rpm	19.1kgm@3700-3900rpm
能源消耗	平均 15.6km/ltr	平均 13.7km/ltr	平均 13.6km/ltr
	市區 12.2km/ltr	市區 10.08km/ltr	市區 10.96km/ltr
	高速公路 18.79km/ltr	高速公路 17.52km/ltr	高速公路 15.72km/ltr
相關稅率	牌照稅 $ 7,120 元	牌照稅 $ 11,230 元	牌照稅 $ 11,230 元
	燃料稅 $ 4,800 元	燃料稅 $ 6,180 元	燃料稅 $ 6,180 元

這三款車子都通過必要的準則，結果在想要的準則裡面，以分數來看 Altis 可能為較合適。

準則		2018 Corolla Altis			2018 Camry			2018 RAV4		
必要		資訊	是/否		資訊	是/否		資訊	是/否	
Toyota 車廠		Toyota	是		Toyota	是		Toyota	是	
5人座以上		5人座	是		5人座	是		5人座	是	
售價100萬以下		70.9萬	是		91.9萬	是		84.9萬	是	
想要	多重要 (1-10)	資訊	多好 (1-10)	分數	資訊	多好 (1-10)	分數	資訊	多好 (1-10)	分數
燃料稅在4,800元以下	10	4800	10	100	6180	8	80	6180	8	80
平均油耗在15km以上	8	15.6km	10	80	13.7km	8	64	13.6km	8	64
馬力160hp以上	6	140	7	42	167	10	60	146	8	48
自排	4	自排	10	40	自排	10	40	自排	10	40
高速油耗在18km以上	2	18.79km	10	20	17.52km	9	18	15.72km	6	12
總分		282			262			244		

- 必要 / 想要決策分析法的技巧

  1. 在決策的過程中，你非常在意的東西就把它設為必要準則。

  2. 這些準則需要收集很多資訊，建議先把準則找出來，之後再去找資訊，才會知道哪一個資訊需要收集，至少有個方向。

  3. 不管是必要準則還是想要準則，都建議由一群人討論出來然後達成共識。

- Pugh 決策矩陣圖

  當你有很棒的想法，就可以透過這個矩陣圖來評估。這個評估準則跟方法一的矩陣圖類似，另有一個更強的功能，就是把兩個或三個對策中取最好的對策形成一個新的對策，讓這個對策像無敵鐵金剛一樣，也就是把每一個對策中每個準則的最高分數，全部拉到新的對策，就會產生新的對策。

  每一個準則的分數都是最高，然後再給這個對策一個新的對策名稱，因為他吸取了每一個對策最好的準則與精神。

準則 對策	成本性	效益性	可行性	總分
對策 1	1	5	5	11
對策 2	5	1	3	9
對策 1+2	5(取高)	5(取高)	5(取高)	15

- 何時使用 Pugh 決策矩陣圖？

    P5 步驟可使用。

- Pugh 決策矩陣圖案例

    針對怎麼樣的學習是比較有效的學習，我們利用 Pugh 矩陣圖來做決策。首先我們能夠想到的對策是找老師來做面對面的授課，還有就是線上學習，如果從這兩個對策來看，我們一定會選擇對策一的面對面來授課，因為他的分數高達 11 分。

    但是如果使用 Pugh 矩陣，就是會抓兩個對策中準則最高的，所以就取成本性最高的 5 分，效益性最高的 5 分，可行性最高的 5 分，總分就是 15 分，我們的對策就是 1 + 2 的結合體，因此我們的對策名稱就是除了面對面授課之外，還會利用線上學習，讓學員可以不斷去學習課程內容，讓學習效果更好。

準則 對策	成本性	效益性	可行性	總分
對策 1： 面對面授課	1	5	5	11
對策 2： 線上學習	5	1	3	9
對策 1＋2： 面對面授課＋ 線上學習	5（取高）	5（取高）	5（取高）	15

- Pugh 決策矩陣圖的技巧

    1. 這個決策分析的特色是，拿每一個對策準則中，最好的部分來做組合，所以千萬記住先選最好的準則之後，再來想會有什麼樣的對策。

    2. 有時會發生有同時有兩個對策的準則都很好，這時就要去思考它背後有沒有缺點，選準則時除了分數最高之外，還儘量選缺點最少。

    3. 如果組合出來的思考對策現階段無法實施，則退而求其次，選擇降低一個準則，用它的對策來做選定的思考。

3.PDCA

· **何謂 PDCA ?**

　　就是 Plan、Do、Check、Action，任何事情都可以透過 PDCA
來規畫，在這步驟的 PDCA 是指規畫如何驗證對策，執行驗證的方
法、步驟，接著在執行的過程中做資料分析，最後從資料分析中，
專業判斷此對策是否為最適策，因為只是驗證對策，所以時間不用
太長，樣本也不用太多。

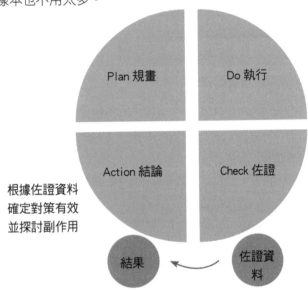

· **何時使用 PDCA ?**

　　1. 驗證可能真因時使用。

　　2. 驗證對策時使用。

- 如何使用 PDCA ？

  透過四步驟系統化方法，有效驗證真因：

  - **步驟一 Plan**：包含要驗證什麼、誰去驗證、在哪裡驗證、何時去驗證。
  - **步驟二 Do**：包含執行的步驟。
  - **步驟三 Check**：執行後資料的呈現。
  - **步驟四 Action**：從資料中作專業判斷（對策有效還是無效）。

- PDCA 案例

  此案例是要驗證是否提高操作作業的日照度，會減少包材作業的異常。

When	2018 年第三季
Who	包裝人員
What	依據區域增加照明度
Where	倉庫打包第二走廊

How	· 觀察倉庫第二走廊 - 包材標籤作業 · 小規模設計照明增加

Plan 規畫　　Do 執行

結果確認　　Action 結論　　Check 佐證　　觀察結果

提高照明度
可避免操作異常發生

副作用就是會有成本花費：
目前的成本，還在可接受範圍

連續 10 批包裝
作業無異常發生

- PDCA 的技巧

    1. 在規畫中驗證方法要詳加說明（Plan）。

    2. 驗證的樣本不用太多，但是需有代表性。

    3. 在資料分析（Check）中，最好使用圖片、流程、資料來呈現，較一目了然。

    4. 在「驗證對策」的 PDCA 中，要確認可驗證出這個「可能對策」可改善問題，主要在驗證目的、手段的有效性。

4. 創意五招

- 何謂創意五招（ECRRS）？

    利用五個動詞的方向（消除、結合、重排、反向、取代），讓你想出解決問題或解決問題原因的想法。

(1) 消除（Eliminate）：

　　許多創意有可能都是消除了某些東西，而產生新的創意。運用消除技巧來幫助尋找創意，可以問以下的問題：

- 什麼是可以消除的？
- 消除什麼事物？
- 消除什麼功能？
- 消除什麼缺點？

(2) 結合（Combine）：

　　許多創意可以把以前相關或毫不相關的事物、概念、構想結合起來，產生新的創意。運用結合技巧來幫助尋找創意，可以問以下的問題：

- 用相關的事務結合，產生創意？
- 用不相關的事務結合，產生創意？
- 結合後所增加附加價值要大於所增加的成本，如此的合併才是可接受的。

(3) 重排（Rearrange）：

　　將整個系統中的某些子系統流程或組成元件變換適當的順序、改變相關位置，便可發明新事物。運用重新配置技巧來尋找創意，可以問以下的問題：

- 哪些部分是可以互相對調的？如何對調？
- 有沒有更好的排列方式？
- 程式、配置、順序、類型或方法可以調換嗎？
- 內部的組成可否交換？
- 上班方式可以重排嗎？

(4) 反向（Reverse）：

　　反向指的是逆向思考，也就是打破常規。運用逆向思考技巧尋找創意，可以問以下的問題：

- 產品一定長成這樣嗎？
- 流程一定是這樣嗎？沒有它會如何？
- 制度一定是這樣嗎？不能改嗎？
- 如果改成這樣？客戶會接受嗎？

(5) 取代（Substitute）：

創意可能只是將整個系統中的某一部份，用其它類似的事物替代便可獲得。運用取代技巧來幫助尋找創意，可以問以下的問題：

- 什麼是可以替代的？用什麼代替？
- 有其他產品可以替代嗎？
- 有其他材料可以替代嗎？
- 有其他流程可以替代嗎？
- 有其他方法可以替代嗎？
- 有其他制度可以替代嗎？

- **何時使用創意五招？**
  1. 思考點子（ideas）。
  2. P3 步驟與 P5 步驟發展可能對策。

- **如何使用創意五招？**
  當要思考有哪些對策可以消除問題的真因時，可以針對每一個創意招式，思考一個想法，有五個創意招式就可以思考出五個想

法，如果有些招式想不出來就跳過，容易想的招式可以多想一些。

- **創意五招案例**

　　針對床不好睡，利用創意五招中的三招，分別是取代、結合與反向，共想出 15 個點子。

真因	取代	結合	反向
床不好睡	木板床可以被誰取代？	床可以結合什麼？	床一定長這樣？
	1. 沙發床 2. 人工皮草 3. 人工多選床組 4. 水床、氣床 5. 水床、空氣床	1. 按摩＋音樂、冷氣等環境情況 2. 免治馬桶 3. 電動折疊控制（調整舒適角度） 4. 床頭音響、按摩舒壓器 5. (自動加溫)溫床、暖被功能	1.圓的、方的 2.公車或捷運座椅 3.尋找不用睡的替代方式、藥物 4.床太低，增加墊子厚度；床太硬，增加墊子軟度；床太小，增加床大小 5.自動調整大小，免得太大有空虛感 6.自動調整柔軟度

- 創意五招的技巧

  1. 利用這五個動詞協助你發想點子。
  2. 先發散後收斂，任何點子都可以發想，不要受限。
  3. 如果利用這創意五招想不出創意，建議先想一個對策，然後想一想這個對策是可以用哪一招想出來的，接著再根據這一招思考創意。

5-5-4 P5 步驟的 5 大心法

1. 凡事一定有更好的方法。
2. 真金不怕火煉對策不怕考驗。
3. 副作用是好對策的殺手。
4. 站在主管的角度來思考對策，而不是自己的角色。
5. 思考與時俱進的對策。

5-5-5 P5 步驟的關鍵整理

1. 問題→真因→對策，邏輯要正確。
2. 各種對策的效果卓越，副作用分析與對策良好。
3. 對策應力求創意及防呆，並強調創意來源。
4. 採用改善案的多寡應以目標設定值為依據。
5. 效果不佳時有再對策加以改善。
6. 效果確認能以圖表表示。

5-5-6　P5 步驟的工具整理

P5 步驟 ＼ 工具	系統圖	決策分析法	PDCA	創意五招
Step 1 發展可能對策	✓			✓
Step 2 評估及選定最適策		✓		
Step 3 測試及驗證最適策			✓	
Step 4 檢討最適策之副作用			✓	

5-5-7　P5 步驟的自我練習

· 系統圖

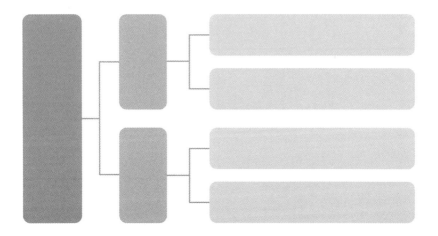

- 矩陣圖

準則 對策	可行性	成本性	效益性	總分

- PDCA

Plan What： Who： Where： When：	Do How：
Action	Check

5-6　P6 執行永久對策&確認效果

5-6-1　對策實施常犯的錯誤

曾經有一家企業,有一個小故事讓我印象很深刻。

某天我要去輔導的時候,剛好那天的進度是要看執行對策之後的效果,學員看到我的時候非常開心,他告訴我前陣子下的對策效果非常好,他非常感謝老師的指導,以我的角度聽起來很開心,只是不免還是要看一下實際資料,我才能確認效果非常好。

結果一問之下,他的效果非常好只是執行幾天的時間而已,且樣本數也不夠大。所以我告訴他:「這是一個很好的開始,不過我還是希望你再執行一段時間,看看它的效果是不是一樣好。」

此時有一位主管就跳出來說:「老師,不需要了啦!我們的工作都很忙,是不是執行幾天效果好,我們就可以把這個對策標準化結案了?」

我說:「當然不行!我怕你們執行的時間太短,效果不見得是最好的效果,有可能時間一拉長,就會有些問題發生。」這個主管聽我講完,只好勉為其難答應我的建議,畢竟當時我是他們的輔導老師。

過了三週後,我再次輔導時,他們就告訴我,上次輔導完之後的好幾天,對策的效果就不好了,也發生了一些問題。我說沒關係,至少這是一個發現,如果照你們之前的建議就草草結案,

我看你們的問題可能會一直解決不完。

　　以上的小故事是想告訴大家，當你找到問題的原因與對策，驗證也沒有問題，但在實施永久對策的時候把時間拉長來看，看它的效果是不是一樣好。多數人進行到這個步驟時，以為驗證只需要幾天的時間就沒有問題，而不知道解決問題中的一些盲點跟錯誤。

　　在這個步驟中，我也列舉職場人士常犯的一些錯誤跟盲點：

1. 執行永久對策，沒有做詳細的規畫。
2. 效果確認樣本數太少。
3. 沒有做好全面性的副作用分析。
4. 執行永久對策時間短。

5-6-2　P6 步驟：執行永久對策＆確認效果的說明

　　P6 步驟的目的：確保執行永久對策能夠成功執行，一旦在執行永久對策的過程中，遇到任何問題或是風險，都能將問題與風險降到最低，必要時在執行永久對策之前要做適當的會議告知，當執行一段時間，資料收集回來後，要確認執行的效果。

　　P6 步驟的 4 步驟：在這個大步驟中有四個小步驟，依序為發展執行計畫、探討實施步驟之風險、執行永久對策、確認執行效果。接下來將逐一說明每一個小步驟的內容。

第一步驟：發展執行計畫

這個行動計畫需要列出完整的對策執行步驟、確認參與的人員、可用的資源、期限……等，可以考慮運用「甘特圖」將整個計畫展開。

第二步驟：探討實施步驟之風險

使用「風險表」，針對關鍵性的作業或步驟進行預防措施的發展，或針對可能的機會進行強化措施。此目的是為了預防任何問題造成的衝擊，都在掌握之中，進而確保此計畫成功。

第三步驟：執行永久對策

依據實施計畫的細節實施項目執行，並對每項最適策把握效果及問題點，一一確實查明及澄清對策與效果之關係，一般執行永久對策建議執行時間長一點，1到 2 個月都是可以接受的時間，執行過程中有任何問題，必須開會馬上檢討與修正。

第四步：確認執行效果

應記錄改善成果，並與 P2 的目標設定做比較。

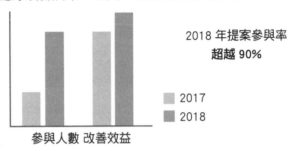

2018 年提案參與率
超越 90%

■ 2017
■ 2018

參與人數 改善效益

5-6-3 P6 步驟的工具：甘特圖、風險表

1. 甘特圖

· 何謂甘特圖？

甘特圖，是在 1917 年由亨利・甘特開發的，基本是一條線條圖，橫軸表示時間，縱軸表示活動（項目），線條在圖上顯示計畫時間（P）與實際進行時間（A）的對比。管理者可以很直觀的弄清一項活動（項目）還剩下哪些工作要做，並可評估工作是提前還是延遲，或是正常進行。

- **何時使用甘特圖？**

　一般會在 P1 步驟的擬定行動計畫，或是 P6 步驟的對策實施時使用。

- **如何使用甘特圖？**

　首先要很清楚專案要做的事情跟步驟，並要清楚需花多久時間來完成，再根據工作跟時間來分派由誰負責某件事情，並在何時完成。甘特圖上會先有規畫線，按照每一次的進度來畫實際線，每次有超出時間則必須要說明提前完成或是延遲的原因。

What 項目	Who 負責人	When					
		1	2	3	4	5	6
		→					
			→				
				→			
				→			

- 甘特圖案例

有一個永久對策要實施前，發展 4 個執行計畫，如下表所示：

What 項目	Who 負責人	When					
		1	2	3	4	5	6
1. 召開溝通大會	彭大 P	→					
2. 把對策執行做成簡易 SOP	彭中 P		→				
3. 教導線上人員使用 SOP	彭小 P			→			
4. 對策執行的資料收集	彭 8 P			→			

- 甘特圖的技巧

1. 工作項目的展開建議可以細一點。
2. 負責人那一欄建議最好只有一人，最多兩個人。
3. 如果時程有延遲，必須寫上理由，並有追上時程的計畫。

2. 風險表

- 何謂風險表？

針對執行永久對策所發展的執行計畫，從執行計畫中探討實施步驟的風險，針對預知的風險，事先採取必要的措施以降低風險。

- 何時使用風險表？

  1. 任何對策要實施都可以使用風險表。

  2. P6 步驟可使用風險表。

- 如何使用風險表？

發展對策的 執行計畫	探討實施步驟 之風險	風險評估		級距	Level 定義	預防 方式	應變 方式	負責人	日期
		機率	衝擊						

風險 評估	10 級評分	1-3	4-7	8-10
	機率	機率低 (<30%)	機率中 (40%-70%)	機率高 (>80%)
	衝擊度	損失低 (<10 萬)	損失中 (10-20 萬)	損失高 (>30 萬)

風險級距　L　　　　M　　　　H

0　　　　33　　　　66　　　　100

　　風險評估發生的機率 1-10 分，問題發生的衝擊度 1-10 分，滿分為 100 分。0-33 分為低風險，33-66 分為中度風險，66-100 分為高度風險，中度風險與高度風險一定要有預防方法與應變方法。

- 風險表案例

　　某企業執行 AI 大數據的專案，驗證對策的時候都沒問題，接

著就必須開始進行全面性的執行此對策，因此在執行對策時，就必須使用風險表來做風險的評估，假設有一個執行的計畫工作，工作內容為召開相關人員溝通會議，以下的風險表就是針對這樣的工作做風險評估。

發展對策的執行計畫	探討實施步驟之風險	風險評估		級距	Level定義	預防方式	應變方式	負責人	日期
		機率	衝擊						
召開相關人員溝通會議	有些人員不配合相關工作	5	8	40	M	請部門主管與會說明	先停止會議	彭 8P	2019 8/17

· 風險表的技巧

　1. 找相關的人一起來思考所有的風險。

　2. 如果風險評估比較高，一定要思考有效的預防方式，以及應變方式。

　3. 如果列出多點風險，負責人應該要平均分配給每一位相關人員。

5-6-4　P6 步驟的 3 大心法

　1. 重點對策要掌握、改善目標才會過。

　2. 永久對策有落實、改善效果常維持。

　3. 暫時對策可移除、流程精簡有幫助。

5-6-5　P6 步驟的關鍵整理

1. 根據所有對策一一做確認，並瞭解其有效程度。

2. 改善成果能反應目標設定。

3. 圖表前後表現一致，且比較條件相同。

4. 實際改善成效之計算合理。

5. 若有嚴重的殘留或產生新問題應立即改正。

5-6-6　P6 步驟的工具整理

P6 步驟　　　　　工具	甘特圖	風險表
Step 1 發展執行計畫	✓	
Step 2 探討實施步驟之風險		✓
Step 3 執行永久對策		
Step 4 確認執行效果		

5-6-7 P6 步驟的自我練習

· 甘特圖

What 項目	Who 負責人	When					
		1	2	3	4	5	6

· 風險表

發展對策的執行計畫	探討實施步驟之風險	風險評估		級距	Level 定義	預防方式	應變方式	負責人	日期
		機率	衝擊						

5-7　P7 預防再發&建立標準化

5-7-1　標準化常犯的錯誤

　　有些企業告訴我，當時內部把問題解決完之後，效果很不錯，大家開會認為沒事，案子就算結束了。我說，事後有什麼問題嗎？

　　對方告訴我，有些沒有問題，有些在解決完之後問題又再度發生。再深入的問，是因為他們把問題解決完之後，並沒有針對永久對策進行標準化的實施跟展開。問題剛解決完時，原本專案的成員都會很清楚對策是如何實施與落實，但是當工作輪調、甚至有成員離開公司時，問題就開始發生了。

　　這個例子是要告訴你，問題解決完之後，你要做永久對策的標準化的實施跟展開，必要時還要做教育訓練，來確保未來實施對策的部門跟同仁了解整個步驟與技巧，這樣才有辦法落實標準化，讓問題可以永遠解決。

　　上面的小故事只是其中一個盲點，在此列出的一些困難跟盲點整理如下：

1. 缺乏建立預防再發的程序或系統。
2. 沒有做好潛在問題分析。
3. 沒有做好全面性的標準化。
4. 沒有導入日常管理的機制。
5. 有 SOP，但還是有問題發生。

5-7-2　P7 步驟：預防再發＆建立標準化的說明

P7 步驟的目的：對問題發生而能及時偵測與控制的系統、政策和程序，採取必要措施加以改正。每項需要採取對策之背後至少有一系統方法或程序或標準作業流程（SOP），並應在組織內水平展開與標準化，最後落實在日常管理的機制內。

P7 步驟的 4 步驟：在這個大步驟中有四個小步驟，依序為分析對策的潛在問題、建立或修改監控與預防系統、建立或修改標準（SOP）、執行相關之教育訓練。接下來將逐一說明每一個小步驟的內容。

第一步驟：分析對策的潛在問題

利用「潛在問題分析表」分析對策可能會出現的潛在問題。

第二步驟：建立或修改監控與預防系統

找出重要的流程中需要利用系統面來預防出錯的部分，進行系統的強化或監控問題與真因的影響。

第三步驟：建立或修改標準（SOP）

　　將解決問題時有效的對策，全部都要建立標準化程序的步驟文件，必要時還要設置對策的防呆裝置，以期待無論何人執行對策都有程序可遵循而不會犯錯，並落實「標準化追蹤表」。

第四步驟：執行相關之教育訓練

　　建立或修改標準化文件之後，必須移交給真正執行此工作的人員，此時需有相關的教育訓練給執行的人員，以確保他們真正的了解這些標準化內容如何執行。

5-7-3　P7 步驟的工具：潛在問題分析表、落實標準化追蹤表
1. 潛在問題分析表

・　何謂潛在問題分析表？

　　針對實施後有效的對策，再去思考有沒有潛在的失效風險所做的一個風險分析表，簡稱「潛在問題分析表」。

・　何時使用潛在問題分析表？

　　在 P7 使用。

・　如何使用潛在問題分析表？

　　・　**步驟一**：列出所有對策的潛在問題。
　　・　**步驟二**：評估這個潛在問題的風險，P 為問題發生的機率

1-10 分，S為問題發生的嚴重度 1-10 分，再把 P X S 得出最後分數。

- **步驟三**：列出這個問題發生的可能原因。
- **步驟四**：列出消除可能原因的對策（預防措施）。
- **步驟五**：何時可完成這個預防措施。
- **步驟六**：由何人來完成這個預防措施。
- **步驟七**：當預防措施無效時，所採取的對策（保護措施）。
- **步驟八**：由何人來完成這個保護措施。

潛在問題	風險評估			可能原因	預防措施	何時完成	負責人	保護措施	負責人
	P	S	PXS						

- 潛在問題分析表案例

對策名稱：利用 APP 設定每日代辦事項提醒

潛在問題	風險評估			可能原因	預防措施	何時完成	負責人	保護措施	負責人
	P	S	PXS						
手機不見了	2	10	20	手機常常放在口袋	時時刻刻把手機放在背包裡	2018/12/1	彭小豬	App 跟電腦連線同步，定時備份到雲端	彭小豬

1. P：問題發生的機率 1~10；S：問題發生的嚴重度 1~10。
2. 預防措施：消除可能原因的對策。
3. 保護措施：當預防措施無效時，所採取的對策。

- 潛在問題分析表的技巧
  1. 可以從對策執行的步驟來尋找潛在問題。
  2. 在做風險評估時，有可能你會很猶豫問題發生的機率是 5 分還是 6 分，或者是 3 分或是 0 分，建議用最嚴格的分數來評估。
  3. 有時候發生潛在問題的可能原因不會只有一個。
  4. 不管預防措施是不是真的可以消除問題，務必增加一個保護措施，讓潛在問題的發生風險能夠降到最低。

2. 落實標準化追蹤表
- 何謂落實標準化追蹤表？

　　根據對策製作標準化文件，為了讓這些標準化文件可以落實到日常生活中，因此要有負責人來落實此項工作所設計的追蹤表單。

- 何時使用落實標準化追蹤表？

　　P7 步驟中使用。

- 如何使用落實標準化追蹤表？
  - **步驟一**：將對策製作成標準化文件。
  - **步驟二**：落實標準化文件內的項目。
  - **步驟三**：效果確認落實標準化的績效。
  - **步驟四**：持續檢討與改善。

標準化項目	文件	落實管理 / 效果確認	負責人

- 落實標準化追蹤表案例

　　標準化項目是建立包材準備的查檢表,使用失誤件數的指標來做效果確認,從此案例可得知目前失誤的件數,已從平均每月 3 件降為 0 件,且效果維持良好。

標準化項目	文件	落實管理 / 效果確認	負責人
建立表單 第二人查核	包材準備檢查表 (SOP-112)	失誤件數圖表:4 3 3 2 0 0 0,2018年 6月 7月 8月 9月 10月 11月	彭 8P

- 落實標準化追蹤表的技巧

　1. 落實管理要有專人專職來負責。

　2. 落實管理建議要有指標來衡量它的績效。

　3. 此衡量績效納入日常管理的指標,來做每天的查核。

5-7-4　P7 步驟的 3 大心法

1. 管制工作的過程，不是管制結果。
2. 標準書要說、寫、做一致。
3. 日常管理有機制要落實。

5-7-5　P7 步驟的關鍵整理

1. 有幾個對策就會有幾個潛在問題分析表。
2. 潛在問題分析表可以找相關同仁一起討論。
3. 標準書寫完之後，需要相關人員試行，如果試作沒有問題，才可以正式公布。
4. 日常管理的落實，可以靠管理面、系統面或制度面來落實。

5-7-6　P7 步驟的工具整理

工具　　　　　　P7 步驟	潛在問題分析表	落實標準化追蹤表
Step 1 分析對策的潛在問題	✓	
Step 2 建立或修改監控與預防系統		✓
Step 3 建立或修改標準 (SOP)		✓
Step 4 執行相關之教育訓練		

5-7-7 P7 步驟的自我練習

· 潛在問題分析表

潛在問題	風險評估			可能原因	預防措施	何時完成	負責人	保護措施	負責人
	P	S	PXS						

1. P：問題發生的機率 1~10；S：問題發生的嚴重度 1~10。
2. 預防措施：消除可能原因的對策。
3. 保護措施：當預防措施無效時，所採取的對策。

· 落實標準化追蹤表

標準化項目	文件	落實管理 / 效果確認	負責人

5-8　P8 反思未來&恭賀團隊

5-8-1 問題解決過程反省常犯的錯誤

　　某天我在某大企業內講授問題分析與解決的課程，有幾個學員是中階主管，休息的時候在討論持續改善文化。

　　這間公司每年都有一些問題分析與解決的專案在執行，很可惜的是，這些問題解決的專案都沒有好好管理，因此幾年後再度發生。主管只是覺得似曾相識，要花一些時間去查才發現，其實這些問題以前就發生過，只是當時的文件並沒有傳承下來。因此，先不管這些問題是不是會再度爆發，至少有過去留下的文件，相信對日後的問題分析與解決一定大有幫助。

　　而另外一家企業則完全不同，他們非常的務實，把每年的問題分析解決專案的實戰知識跟技巧留下來，可惜的是他們只留結果，解決問題的過程中所累積的知識沒有保存下來。

　　這件事是由其中一位主管發現的，當他在查閱這些資料的時候，發現參考價值很低，因為留下來的資料都是結果性的東西與制式文件，沒有解決問題的過程，很難看出當初是怎麼解決問題的，只能知道有找到原因，且對策效果也不錯，這樣的資料留下來也是沒有太大的用處。

　　以上的小故事，你熟悉嗎？這就是此步驟常犯的一些盲點，其他的盲點彙整如下供你參考：

1. 問題解決完沒有針對殘留問題探討與反省。
2. 沒有做好知識管理。
3. 沒有提供適當的舞臺,做好知識分享。
4. 沒有想到申請專利的可能性。
5. 不知道要水平展開。

5-8-2 P8 步驟:反思未來&恭賀團隊的說明

P8 步驟的目的:確保士氣並為精進做進一步規畫,並要對從 P1 到 P7 有參與的人員表達恭賀之意,包含共同討論者、執行者以及客戶等,並把 8P 報告所完成的事項以及過程全部保留下來,做為日後的參考。

P8 步驟的 3 步驟:在這個大步驟中有三個小步驟,依序為反省活動的過程與結果、延伸擴大效益與規畫未來、彙整與知識管理。接下來將逐一說明每一個小步驟的內容。

STEP 1　反省活動的過程與結果

STEP 2　延伸擴大效益與規畫未來

STEP 3　彙整與知識管理

第一步驟：反省活動的過程與結果

從 8P 流程步驟逐一進行「反思表」優缺點檢討。

第二步驟：延伸擴大效益與規畫未來

在這個步驟中要檢討殘留問題、水平展開之可能性、申請專利可能性，並規畫未來方向。

第三步驟：彙整與知識管理

在這步驟中要整理團隊的貢獻，活動記錄報告，並整理小組最大的貢獻或突破，個別組員的特殊貢獻提案、專利、問題分析與解決的報告整理……等。

5-8-3 P8 步驟的工具：反思表

· 何謂反思表？

　　所謂的反思表，就是把問題解決的步驟在你解決完之後，針對每一個步驟來做反思，可以從每一個步驟的優點、缺點以及未來努力的方向來做思考，形成的一個整體的面向。

· 何時使用反思表？

　　P8 的步驟中使用。

· 如何使用反思表？

　　根據問題解決的每一個步驟，來思考當時你在進行這個步驟分析時，事後想起來它的優點是什麼？是否有其他缺點？可以針對缺點來寫出未來的努力方向。可以從每個步驟所應該產出的結果來反思，也可以從每個步驟進行的過程包含成員來做反思。反思沒有特定的一個面向，可以把所想到的面向寫下來。

- 反思表案例

活動步驟	優點	缺點	未來努力方向
P1：選定主題&建立團隊	搭配部門指標，挑選合適主題	該階段主題有重新修改過	主題選定要再清楚
P2：描述問題&盤點現況	1.運用工具多元 2.結構層次分明	可能改善部份的資料剖析不夠細緻	1.針對資料剖析再加強 2.多與相關人員討論
P3：列出、選定&執行暫時防堵措施	無 P3	無 P3	無 P3
P4：列出、選定&驗證真因	項目夠發散，驗證真因分工合作，提升團隊精神	發散過程較沉悶，不夠熱烈	開會時每人輪流主持與報告
P5：列出、選定&驗證永久對策	1.對策有共識 2.大部份對策是自己能力所及	1.腦力激盪較少 2.部份對策時程延誤	1.提供工具或方向讓組員思考 2.時效性需再仔細評估確認
P6：執行永久對策&確認效果	目標達成	出現機故影響一些成效	需掌握機臺狀況與保養狀況，進而預防機故產生
P7：預防再發&建立標準化	副作用部份提出可再進行對策，降低風險	標準化文件時間未於計劃時間完成	需掌握進度並與工程師溝通
P8：反思未來&恭賀團隊	從 8P 步驟檢視本次活動優缺點	無	無

- 反思表的技巧
    1. 針對每一個步驟的優點跟建議，建議由成員一起來討論。
    2. 針對使用的工具或者此步驟的執行內容精神，或針對此步驟解決時的心路歷程都可以提出，千萬不要偏重某一個面向。

5-8-4 P8 步驟的 3 大心法

1. 別讓殘留問題成為下一個未爆彈。
2. 獎勵措施不可少，未來改善沒煩惱。
3. 知識要傳承，文化要建立。

5-8-5 P8 步驟的關鍵整理

1. 在完成反思表時，相關成員都需要參與討論，使反思表的面向更完整。
2. 在整理問題分析與決策的知識管理時，可以分成兩個部分：
- 解決問題的所有經過，必須把過程完整的整理出來。
- 第一個完整的報告整理出一個簡單易懂的發表報告，並把這個發表報告分享給公司內每一位成員。
- 如果是在公司，建議公司有一個分享的平臺，使每一個解決問題的案件都可以互相分享，甚至安排競賽，會慢慢在公司形成一種持續改善的文化。

5-8-6 P8 步驟的工具整理

P8 步驟　　　　　　　工具	反思表
Step 1 反省活動的過程與結果	✓
Step 2 延伸擴大效益與規畫未來	
Step 3 彙整與知識管理	

5-8-7 P8 步驟的自我練習

活動步驟	優點	缺點	未來努力方向
P1：主題選定＆建立團隊			
P2：描述問題＆盤點現況			
P3：列出、選定＆執行暫時防堵措施			
P4：列出、選定＆驗證真因			
P5：列出、選定＆驗證永久對策			
P6：執行永久對策＆確認效果			
P7：預防再發＆建立標準化			
P8：反思未來＆恭賀團隊			

我的PJ法筆記

第六章

圖像式 8P 的思考法

透過圖像式的思考讓你學習工具更紮實

6-1　8P 圖像式思考法完整串聯

P1 選定主題＆建立團隊：

　　某家公司的主管發現有三個問題滿重要的，他們打算透過「圖像式 8P 思考法」來解決他們目前的問題。

　　目前有的三個問題：

1. 降低產品破損率。

2. 降低客戶抱怨件數。

3. 增加公司營收。

　　接著他們透過「矩陣圖」，最後選出了一個改善的題目：「降低客戶的抱怨件數」。因為是「改善型」問題，所以不採用 P3 步驟。

矩陣圖

改善主題　　　準則	重要性	急迫性	可行性	總分

　　根據這個主題，他們找了一個專案的負責人，而專案負責人開始利用「組織圖」去尋找相關同仁，組成一個堅強的團隊來解決此問題，這個團隊中，有各個部門的同仁，也有內部、外部的顧問，以及專案負責人。

組織圖

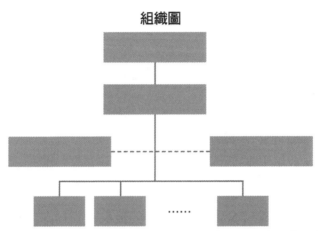

接著就舉行第一次的專案會議，規畫出 20 項的工作，根據這
20 項工作再透過「ARCI 表」，把各項工作填入每個成員做合理的
工作分配。

ARCI 表

工作項目	成員一	成員二	成員三	……	……

另外也透過「甘特圖」，展開他們的專案規畫日期，期待可以
在三個月內達成組織賦予的任務：降低客戶的抱怨件數。

甘特圖

Why	What	Who	When	計畫（月分、週數）									
活動步驟	內容	負責人	P：計畫 A：實際	8月		9月					10月		
				35	36	37	38	39	40	41	42	43	44
			P										
			A										
			P										
			A										
			P										
			A										
			P										
			A										
			P										
			A										
			P										
			A										
			P										
			A										
			P										
			A										
			P										
			A										
			P										
			A										
			P										
			A										
			P										
			A										

P2 描述問題 & 盤點現況:

接著團隊使用「5W2H」來描述問題,使他們可以把問題描述得更清楚、更全面,也更完整,必須要注意的是,問題一定要有量化的數字。

5W2H

What	發生什麼問題?	
When	問題何時發生?	
Who	此問題是誰發現?	
Whom	影響哪些部門 / 人?	
Where	問題在哪裡被發現的?	
How	問題如何被發現?	
How Impact	問題的影響層面多廣?	

問題描述完之後,緊接著就針對現況來畫「流程圖」,因本次的改善主題為降低客戶的抱怨件數,因此這個流程圖主要是在公司內部如何把這個產品製作出來,再把產品送到客戶去的整個流程,要詳細的畫出來。

流程圖

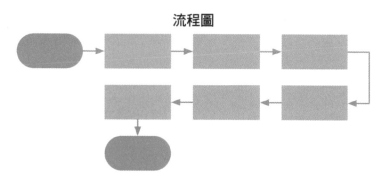

　　團隊必須把過去半年到一年內，客戶抱怨件數的資料一筆一筆列出，並根據內容來分析結果，透過「柏拉圖」的原則，他們發現原來客戶主要抱怨的部分，都在「產品的品質不佳」以及「送貨人員的態度不佳」，這兩個主要的問題。柏拉圖分析完之後，接著就要設定目標，如果把這兩個問題都解決了，抱怨件數可以從原本的多少降到多少呢？用合理的邏輯來設定一個目標值。

柏拉圖

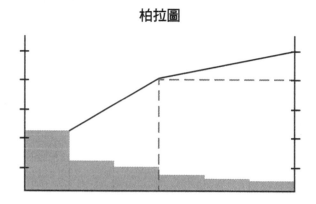

P4 列出、選定&驗證真因:

　　P2 步驟分析完問題、也設定完目標之後,就要進行 P4 步驟的「Why Why 分析」,就是要找出造成問題的凶手是誰? Why Why 分析首先要思考是什麼原因造成「產品的品質不佳」以及「送貨人員的態度不佳」,然後一層一層的往下問「為什麼?」

Why Why 分析

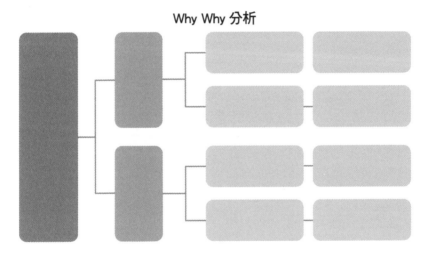

　　接著從最後一層的可能原因,透過「三觀法」選出最有可能的原因有哪些,假設最有可能的原因有二個,依序是:

1. 產品裡面有一些雜質。
2. 送貨人員工時太長。

三觀法

問題	列出可能原因	三觀			總分
		頻率高低	因果強弱	衝擊大小	

根據這兩個可能的真因,要使用「PDCA」來驗證真因,並提供真正的佐證資料,來證明這兩個原因真的是造成客訴件數上升的主要兩個凶手。

PDCA

Plan	Do
What: Who: Where: When:	How:
Action	Check

P5 列出、選定＆驗證永久對策：

當問題的真因找到後，就要透過「系統圖」來思考可能的對策，假設最後思考的有四個對策。

系統圖

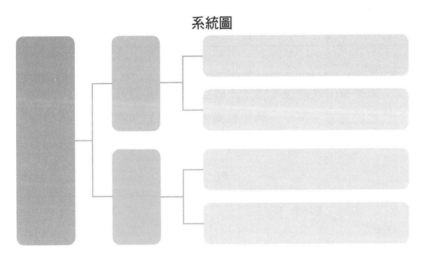

接著使用「決策矩陣圖」來選出最適合對策。假設最後選出的最適合對策有兩個，依序是：

1. 購買二手的設備。
2. 重新調整送貨人員的班別。

決策矩陣圖

準則 對策	可行性	成本性	效益性	總分

　　對策選出來之後，就要去驗證最適合的對策，使用「PDCA」系統性的方法，來一一驗證這兩個對策，結果這兩個對策驗證之後，確實可以讓客訴件數下降。

PDCA

Plan What： Who： Where： When：	Do How：
Action	Check

P6 執行永久對策＆確認效果：

接著進行到 P6 步驟，把這兩個對策，真正實施到公司的正常流程裡，因此團隊列了一些待辦的工作要執行，也透過「甘特圖」來做時程的規畫。

甘特圖

What 項目	Who 負責人	When					
		1	2	3	4	5	6

接著思考這些工作項目一旦執行之後，會不會有執行上的風險？因此要使用「風險表」來列出這些風險，期待能夠把預防措施跟應變措施思考得更完整，讓風險可以降到最低。接著就要正式開始實施兩個永久對策，對策實施一個月的時間，團隊密切觀察客訴的狀況，一個月之後效果非常好，讓客訴件數目前降為零件，也達成一開始所設定的目標。

風險表

發展對策的執行計畫	探討實施步驟之風險	風險評估		級距	Level 定義	預防方式	應變方式	負責人	日期
		機率	衝擊						

P7 預防再發&建立標準化：

在 P7 步驟時，雖然這兩個永久對策在執行上效果都非常好，但團隊希望能夠徹底的解決這樣的問題，因此在預防再發的過程中，使用「潛在問題分析表」，再一次的針對對策來思考還有沒有潛在的問題，這些原因是什麼，並列出預防措施，期待可以預防潛在問題再發生。

潛在問題分析表

潛在問題	風險評估			可能原因	預防措施	何時完成	負責人	保護措施	負責人
	P	S	PXS						

1. P：問題發生的機率 1~10；S：問題發生的嚴重度 1~10。
2. 預防措施：消除可能原因的對策。
3. 保護措施：當預防措施無效時，所採取的對策。

這些對策要製作成標準化文件,透過「落實標準化追蹤表」落實管理與效果的確認。

落實標準化追蹤表

標準化項目	文件	落實管理 / 效果確認	負責人

P8 反思未來&恭賀團隊:

P8 步驟中,要透過「反思圖」來重新思考,在這個解決問題的過程中,每個步驟的優點是什麼?還有沒有缺點或是建議事項?把這些缺點或建議事項當作是未來努力的方向,最後當然要恭喜團隊,透過 8P 思考法把問題真正解決,恭喜大家!

反思圖

活動步驟	優點	缺點	未來努力方向
P1：主題選定＆建立團隊			
P2：描述問題＆盤點現況			
P3：列出、選定＆執行暫時防堵措施			
P4：列出、選定＆驗證真因			
P5：列出、選定＆驗證永久對策			
P6：執行永久對策＆確認效果			
P7：預防再發＆建立標準化			
P8：反思未來＆恭賀團隊			

我的PJ法筆記

第七章

工具使用

如何使用單一工具解決你的問題

7-1　AB 卡自由混搭小遊戲

針對問題，使用工具來分析解決

　　在問題分析與解決的世界裡，很多工具如果你能好好的靈活運用，都可以解決自己本身工作或生活上的問題，目前最熱門的，就是利用遊戲化過程來達到學習的效果。

　　因此，大家不妨跟著我做三件事情：

1. 先列出目前在工作或生活上所遇到的問題，把這些問題寫在卡片上，一張卡片一個問題，這些卡片為**問題卡**。

2. 接著將本書所提到的各種工具也寫在卡片上，一張卡寫一種工具，這些卡片歸類為**工具卡**。

3. 當卡片寫完之後，我們就來玩一個遊戲，看看有沒有辦法利用工具來解決你在工作上或生活上的問題。

　　首先從**問題卡**抽出一個問題，然後抽出一張**工具卡**，你可以用**工具卡**來解決**問題卡**上的問題嗎？

　　為方便說明，我列了 15 個問題及 10 種工具：

・　問題卡：列出個人工作或生活上的問題

　　1. 總是看手機到很晚。

　　2. 英語不好。

　　3. 小孩教育問題。

4. 老是忘記東西怎麼辦。

5. 如何生一個健康的寶寶。

6. 如何培養一個健康優秀的孩子。

7. 工作時間十分緊張。

8. 為什麼現在的小孩好難教育。

9. 日行沒有達到一萬步。

10. 工作壓力大。

11. 工作量大。

12. 賺的錢不夠花。

13. 工作時間長。

14. 專業性不夠。

15. 沒有時間出去走走看看。

· **工具卡：本書所教的工具**

1. 5W2H。

2. 流程圖。

3. 層別法。

4. 柏拉圖。

5. Why Why 分析。

6. PDCA 驗證真因。

7. PDCA 驗證對策。

8. 系統圖。

9. 矩陣圖。

10. 創意五招（消除、結合、重排、反向、取代）。

在此使用問題卡與工具卡，用兩個例子來說明如何使用：

· **案例一**

問題卡：總是看手機到很晚／工具卡：層別法

步驟一：問題卡與工具卡各抽出一張，我們問題卡抽到的是「總是看手機到很晚」，工具卡抽到的是「層別法」。

步驟二：你要如何利用這個工具來分析與解決這個問題呢？

層別法的目的是將資料做分門別類，這個方法本身沒有圖形，必須搭配一些圖形來呈現。那麼該如何分析你看手機的時間呢？從一天的時間軸來看，你是哪個時間軸看手機的時間比較長？等你分析出來後，可以從哪個時段手機看比較久的部分加以解決。

這樣簡簡單單的一個工具，就可以針對你的問題來做分析，而且分析之後或許就有答案與對策，是不是很驚人呢？

· **案例二**

問題卡：我的英文不好／工具卡：創意五招

抽到「創意五招」工具卡的人，可以想一下創意五招中的哪幾招，是不是直接拿出來就可以解決你英文不好的問題了呢？

比如說「取代」，你可不可以透過取代來解決英文不好的問題呢？我相信這個時候你能夠想出來的點子應該非常多，例如你之前

的英文是臺灣的老師教的，可不可以透過「取代」，找一個外國人來教你英文呢？之前你的英文不好，都是在某一個補習班上課，能不能透過「取代」這一招，換另外一個補習班上課呢？我相信透過這幾招，一定能夠想出很棒的點子，來解決你英文不好的問題。

　　以上兩個例子透過問題卡跟工具卡，大家有沒有覺得很好玩呢？當你列出你的問題卡後，透過這些工具卡不斷練習，除了能讓你對工具本身更加熟悉，久而久之，相信任何一個問題卡出現在你眼前的時候，你馬上就可以想到，哪幾個工具卡可以做問題分析與解決。

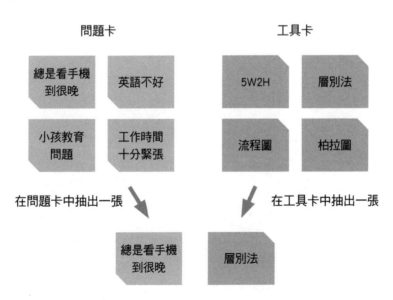

第八章

案例學習

看案例打通你對 PJ 法的任督二脈

8-1 PJ 法與工具的組合案例學習（8P 案例）

故事背景

有一個 P 先生，在某間企業上班，但是每天上班都沒精神，有一次他接觸了 PJ 法，他打算利用這一套系統性方法論來解決生活上的問題，以下就是解決問題的過程。

P 1	選定主題 & 建立團隊
P 2	描述問題 & 盤點現況
P 3	列出、選定 & 執行暫時防堵措施
P 4	列出、選定 & 驗證真因
P 5	列出、選定 & 驗證永久對策
P 6	執行永久對策 & 確認效果
P 7	預防再發 & 建立標準化
P 8	反思未來 & 恭賀團隊

P1 選定主題&建立團隊：

　　P 先生思考這一陣子有哪些問題，透過「矩陣圖」想出三個問題。

　　問題一：改善讀書效率

　　問題二：減少每月晚睡的頻率

　　問題三：提高早點下班的頻率

　　接著他透過重要性、急迫性、與可行性來做 1 分、3 分、5 分的評比，分數越高代表此問題效益越高、越急迫，而且在執行的過程中也比較可行。最後，「減少每月晚睡的頻率」的總分高達 15 分，因此我們就以這一個問題來進行以下的改善跟分析。

專案	重要性	急迫性	可行性	總分	優先序
改善讀書效率	5	5	3	13	
減少每月晚睡的頻率	**5**	**5**	**5**	**15**	**1**
提高早點下班的頻率	3	3	3	9	

　　為什麼這個題目那麼重要呢？因為如果不解決每月晚睡的問題，那他就會有三點非常重要的影響。

　　1. 晚睡影響隔天上班精神及效率。

　　2. 長期晚睡危害身體健康。

　　3. 晚睡容易造成學習力降低。

P2 描述問題&盤點現況：

　　首先使用「5W2H」來描述問題，結果發現他的問題從 2018 年 5 月就開始發生，自己發現每月平均晚睡的頻率高達 90%，晚睡的定義是指每天超過 12 點睡覺，如果這個問題不解決，會影響隔天的工作效率，而且長期而言也會影響他的身體健康。

What	發生什麼問題？	平均每個月晚睡頻率為 90%（目標：30%）
When	問題何時發生？	此問題是在 2018 年 5 月發生
Who	此問題是誰發現？	自己發現
Whom	影響哪些部門 / 人？	自己、部門同事
Where	問題在哪裡被發現的？	在家裡發現
How	問題如何被發現？	其實自己都知道
How Impact	問題的影響層面多廣？	晚睡影響隔天工作效率

接著 P 先生去收集過去一段時間晚睡的比例，收集資料的區間是從 2018 年 5 月到 2018 年的 12 月，總共收集了八個月的數字製作成「趨勢圖」，因此得到每月平均晚睡的比例高達 90%。

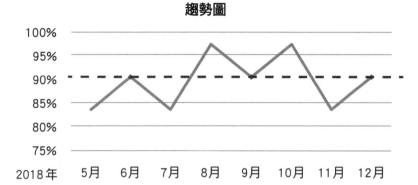

接著使用「泳道流程圖」來描述現況流程，下圖是從他下班開始一直到睡覺的整個步驟，清楚的把流程畫出來，並且把每一個步驟所花的時間也寫上去，就會很清楚知道 P 先生目前的現況。

從泳道流程圖可以得知他平均是 6 點到 7 點之間下班，大概 12 點到 1 點之間睡覺，睡覺前一般都還在處理公事與私事。

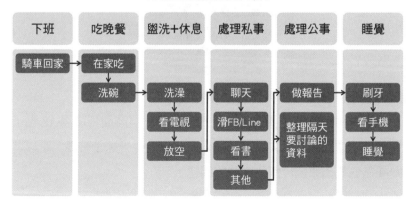

接著我們使用「層別法」來分析問題，我們用大餅圖來做層別分析，結果發現處理私事的時間大概占所有的時間的 33%，而且也發現他在睡覺前處理公事，一般會認為公事是重要的，因此我們就會發現越重要的事情反而他是最後處理。

因此本次的目標希望每個月晚睡的頻率可以從原本的 90%大幅下降到 30%，為什麼會設定 30%呢？因為 P 先生在過去 2017年左右，平均每個月晚睡的比例大概 30%，因此我們就以他過去的數字來當作這一次改善的目標。

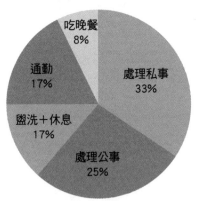

花費時間比例分析

P3 列出、選定&執行暫時防堵措施：

暫時對策的部分我們採取設定鬧鐘，一旦時間到凌晨 12 點，鬧鐘就會自動提醒 P 先生該去睡覺了，但是效果還是有限，所以還是要徹底找出原因，解決晚睡的問題。

P4 列出、選定 & 驗證真因：

這裡是要找問題的原因，因此我們使用「Why-Why 分析」來找出可能的原因。我們的問題是為什麼每月晚睡的頻率高達 90％？原因一是把公事帶回家做，原因二是習慣晚睡，原因三是每天處理私事的時間太長。接著我們再往下問為什麼，是什麼原因造成你會把公事帶回家做？這樣一層一層的往下問，最後我們問到第三層總共有五個原因，依序是：

1. 個性愛拖延，喜歡慢慢來
2. 工作時間分配不當
3. 很多專案會議都跟自己有關
4. 目前一個人住外面
5. 手機內的電玩很好玩

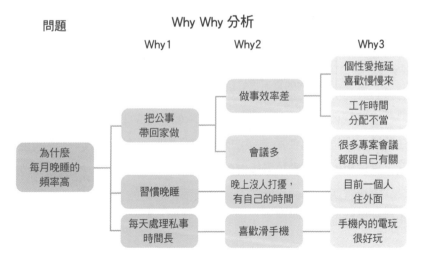

再使用「三觀法」來觀察頻率的高低，觀察因果的強弱，觀察衝擊的大小，一樣用 1 分、3 分、5 分來評分，分數愈高代表原因發生的頻率高，代表原因跟結果的邏輯非常強，也代表這個原因發生之後造成的問題衝擊愈大。因此我們拿剛剛提到的最底層的五個原因來做三觀法票選，最後我們選出兩個可能的真因，依序為：

1. 個性愛拖延喜歡慢慢來。
2. 工作時間分配不當。

三觀法

問題	Why 3	頻率高低	因果強弱	衝擊大小	總分
為什麼每月晚睡的頻率高？	個性愛拖延喜歡慢慢來	5	5	5	15
	工作時間分配不當	5	5	5	15
	很多專案會議都很自己有關	3	5	3	11
	目前一個人住外面	3	3	3	9
	手機內的電玩很好玩	3	3	5	11

接著我們透過「PDCA」來針對兩個可能的真因做驗證，我們在驗證的過程中都使用觀察法來驗證，對照組就是目前 PJ 法的現況，實驗組就是我們故意設計的實驗結果。

事後證明，兩個可能的真因最後都是問題的真正原因，也就是「個性愛拖延喜歡慢慢來」與「工作時間分配不當」真的會造成每

月晚睡頻率高的主要原因。

PDCA 驗證

可能真因	PLAN	DO	CHECK	ACTION
	測試驗證 可能說明	可能真因 驗證執行	可能真因 驗證結果	是否為真因
個性愛拖延 喜歡慢慢來	What：使用觀察法觀察個性拖拖拉拉是否會造成晚睡 Who：P 先生 Where：公司 When：2019/2/1	從 2/1 開始花一週的時間驗證並請一個觀察者從旁觀察	**實驗組**：個性拖拉的人做 excel 報表花了 2 小時（邊吃東西，東摸西摸） **對照組**：不拖拉的人只花了 20 分鐘	愛拖拉為晚睡的真因
工作時間 分配不當	What：使用觀察法觀察時間分配不當是否會造成晚睡 Who：P 先生 Where：公司 When：2019/2/1	從 2/1 開始花一週的時間驗證並請一個觀察者從旁觀察	**實驗組**：想到什麼就做什麼，沒有訂定時間表，一天完成兩件事 **對照組**：有事先規畫，每項工作都有時間壓力，一天完成五件事	時間分配不當為真因

P5 列出、選定&驗證永久對策：

當問題的主要原因找出來之後，接著就進行到思考對策。我們使用「系統圖」想出六個對策。

系統圖

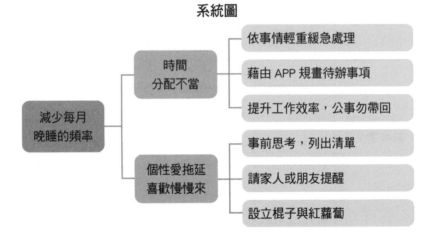

接著使用「決策矩陣圖」根據可行性、成本性與效益性，使用1分、3分、5分來做票選，我們選出兩個分數最高的來當作可能的永久對策。

決策矩陣圖

對策　　　　　　　　　準則	可行性	成本性	效益性	總分
依事情輕重緩急處理	9	8	5	22
藉由 APP 規畫待辦事項	10	9	9	28

提升工作效率，公事勿帶回家	10	6	6	22
事前思考，列出清單	9	9	5	23
請家人或朋友提醒	8	8	5	21
設立棍子與紅蘿蔔	10	9	9	28

　　使用「PDCA」來驗證永久對策，根據「個性愛拖延喜歡慢慢來」以及「時間分配不當」的兩個真因尋找了兩個對策，藉由「App來規畫待辦事項」以及「設立棍子和紅蘿蔔」兩個對策驗證完之後，改善後比改善前都來得有效。

PDCA 驗證

真因	Plan	Do	Check		Action	
	對策說明	對策執行	改善前	改善後	副作用	結論
時間分配不當	藉由 APP 規畫待辦事項	2019/3/1	一週只完成10件事	一週完成20件事	無	對策有效
個性愛拖延喜歡慢慢來	設立棍子和紅蘿蔔：只要超過12點睡，就捐出1000塊到撲滿。一週都12點前睡覺，就慶祝吃海底撈。	2019/2/1 實施	一週7天都超過12點睡	一週2天超過12點睡	捐出2000塊到撲滿裡	對策有效，但是被罰錢也沒吃到海底撈

P6 執行永久對策&確認效果：

驗證對策之後，就要執行永久對策。因此我們規畫執行一段時間來看他的效果，結果每月晚睡的頻率從改善前的 90% 降為改善後的 30%，改善效果非常良好，目標百分之百達成！

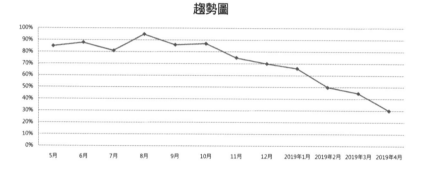

趨勢圖

P7 預防再發&建立標準化：

把兩個對策都建立標準化，然後落實到日常管理，使用「落實標準化追蹤表」。

標準化項目	文件	落實管理／效果確認	負責人
藉由 APP 規畫待辦事項	SOP-119	每月超過 12 點的比例	P 先生

P8 反思未來&恭賀團隊：

使用「反思表」來對整個解決過程進行反思。

活動步驟	優點	缺點	未來努力方向
P1：選定主題&建立團隊	選出跟自己切身相關的問題	沒有找朋友一起來解決	擴大相關的成員來解決問題
P2：描述問題&盤點現況	把現況用流程圖畫出來	資料收集的樣本數不足	多收集更多的樣本數
P3：列出、選定&執行暫時防堵措施	-	-	-
P4：列出、選定&驗證真因	第一次使用 Why Why 分析	列出的可能原因太少	多找相關的朋友一起討論
P5：列出、選定&驗證永久對策	每一個真因都發散三個對策	沒有做標竿學習	善用科技來思考對策
P6：執行永久對策&確認效果	目標達成	-	-
P7：預防再發&建立標準化	善用落實標準化追蹤表	每天都要記錄晚睡的時間	找出容易記錄晚睡時間的方法
P8：反思未來&恭賀團隊	不再用經驗來解決問題	怕自己無法持續	用自己的問題再學習 PJ 法方法論

第九章

PJ 法的提問

如何提出好問題得到好答案

9-1　PJ 法的思維

　　處理問題時，不管是工作上或生活上，大家都有自己解決問題的思路，只要能解決你的問題，那個思路本身就是好的。但是當問題沒辦法解決，你可能就需要參考別人的思路，有助於看清楚自己在解決問題上的盲點，或許就能很快的突破自己的盲點，最後把問題解決。

　　在 PJ 法裡面，一般是先學方法，進而學每個步驟裡的工具。實際解決問題的時候，可能會被自己的框架所限制住，問題就會懸在那裡無法解決。過去我在兩岸講授 PJ 法的時候，常常會突然說出一些思維，讓學員收穫很多，尤其在輔導的時候，只要學員能夠掌握這些問題分析與決策的思維，就算你還沒學工具或是方法，其實還是可以幫你突破自己的框架與盲點，進而解決問題。

　　以下我整理 20 個，從過去的經驗所累積出來的 PJ 法 - 問題分析與決策的思維：

　　1. 分析原因前，先思考問題、分析問題。

　　2. 放下成見，進到工具與方法的世界，打破慣性思考。

　　3. 建立個人解決問題資料庫。

　　4. 方法、工具本身具有彈性，8P 可以選著做，不一定要走完所有 8P 步驟。

　　5. 尋找「對的問題」來解決，才不會途勞無功。

6. 問題解決開始於資料收集。

7. 問題解決過程都要留下痕跡。

8. 任何一個問題解決或改善，都要找出什麼是對的目標，就算
   短期達不到，至少你要告訴你的主管哪些是短暫的目標、哪
   些是你的終極目標。

9. 偉大的目標構成偉大的野心。

10. 儘量找出發生問題的可能嫌疑犯，然後再用推理跟推論一個
    一個去找出真正造成問題的凶手。

11. 找一個好的問題好好解決，勝過隨便找兩、三個問題解決來
    得好。如果問題都不清楚，接下來所做的分析都是白搭。

12. 問題會發生，一定是現況有哪個地方沒有做好，所以完整的
    現況分析是很重要的。

13. 解決問題，記得要找團隊一起來解決，否則一個人做到死也
    沒有人可憐你。

14. 團隊分工很重要，否則專案結束你也含淚離開公司了。

15. 設定解決問題的目標的高低，決定問題分析跟對策分析的深
    度跟廣度。

16. 任何一個分析工具，如果你用你的思維跟答案想駕馭這個工
    具，那麼我勸你不要那麼大費周章的去使用工具，浪費你的
    時間，直接用你的方法解決就可以了。

17. 在尋找問題的真正原因時，不能再用你的主觀意識跟經驗，
    一定要有客觀的資料來證明。

18. 問題解決完之後，一定要把所有的對策落實到日常管理裡面，要成為日常管理運作的 DNA，否則過一陣子問題一定會再發生，不要懷疑，就是會發生。

19. 在原因驗證與對策驗證的過程中，一定要把驗證方法寫出來，因為可以從驗證方法來看出你的驗證過程是不是夠紮實，有沒有漏洞。

20. 問題解決完之後，透過反省的步驟，可以讓下一次的改善能量更強大。

9-2　如何提出好問題得到好答案

　　為什麼從過去到現在，優秀的主管、顧問或企業名人，都非常相當重視「提問」，也認為「提問」能力是可以培養的？因為每個人的大腦因提問而運作，創造驚人的成果，戰勝未來，就需要學習「提問」能力！

　　日本管理大師大前研一曾說過，對人生和工作而言，「提問力」正是最強的武器！雖然說「提問力」是工作或人生最強的武器之一，但是很多職場人士還是會說：「我從來不習慣有這樣子的提問，當然也沒有這樣的能力，那該怎麼辦呢？」

　　所有的習慣，都從不習慣開始不是嗎？

　　多多提問，就會多獲得；少提問，就會少獲得。

　　如何「提問」才能對問題分析與決策有幫助？

　　在《精準提問的力量》一書中，把提問技術的類別分成五大類十一小類，如下圖所示：

　　問題分析與決策是屬於診斷型提問。所謂診斷型提問，就是找出問題核心，做出判斷。

　　發問有兩個種類，分別是開放式問句與封閉式問句，說明如下：

1. **開放式問句**：以 5W2H 為開頭的問句，是為了獲得資料的資訊。例如：發生了什麼事？在哪裡發生的？基於答案再次發

診斷型提問
邏輯類 面試型提問
科學型提問

策略型提問
任務型提問 使命類
遺產型提問

突破類 搭橋型提問
衝突型提問

創意型提問 創意類

探索類 同理型提問
有趣型提問

來源：《精準提問的力量》，三采文化出版

問，以獲得更深入資訊，例如：你剛剛提到的，可以再告訴我多一點嗎？

2. **封閉式問句**：以「是否」為開頭的問句，例如：是否就是這樣的情況？

任何一位職場人士，只要運用以下發問的七個小技巧，你的提問能力就會慢慢提升。

1. **「比較」的問題**：就兩項或多項資料比較異同，例如：甲機臺和乙機臺，A 材料和 B 材料。

2. **「5W2H」的問題**：利用「5W2H」作為發問的題目。

3. **「假如」的問題**：思考假設的情境，例如：如果你是操作人

員，你會如何……；如果你是顧客，你想要的是什麼？

4. 「**可能**」的問題：利用聯想推測事物可能發展或做回顧與前瞻的瞭解，例如：採用 A 案可提高工作效率，但對品質上可能會有哪些影響？

5. 「**想像**」的問題：運用想像力於未來或化不可能為可能的事物，例如：這個作業方式最理想的狀況應該是……。

6. 「**替代**」的問題：用其他字詞、事物、觀念取代原有資料，例如：採用尺來量測費時費力，可以用什麼東西來取代？

7. 「**除了**」的問題：為了突破成規，尋求不同的觀念或答案，例如：除了用甲、乙兩種方法外，還有沒有其他方法？

透過這七個小技巧，你就會發現，「問對問題」離你要的答案就不遠了。

在學習問題分析與決策的過程中，除了要學方法、工具之外，有可能每次解決問題的過程，你都會整理一些資料向公司主管報告，順便也讓他們了解你的進度。

我把過去常用的一些提問技巧，整理出六個方法，簡稱「PJ**法六大提問招式**」，這六大招式都是針對問題分析與決策的方法論所整理出來，提供給大家參考，如果懂得這本書提到的方法跟工具後，再來了解這六個提問的方法，就會有很深刻的體會。

PJ 法六大提問招式：

1. 提問：

- 秀這張投影片的意義很大嗎？
- 秀這張投影片的結論清楚嗎？
- 這張投影片有必要性嗎？
- 在這個位置的邏輯性適當嗎？
- 列選出來的這個結論，過程的邏輯是什麼？
- 這個因，會造成這個果嗎？
- 這個數字怎麼來的？
- 如果要顯示這句話「經常在下班前才接收到急單發料需求，人員臨時無法配合加班」，什麼是「經常」？有沒有數據支持？

2. 正反說明：

- 你這樣是把自己的經驗寫入這張投影片的結論了，這不會是這張的結論。
- 有沒有可能再加一道製程，就可能達成我們的改善目標？這樣才是叫做「全面探討」。
- 聽好哦！這樣的答案會回到你原本有的答案。
- 你只是把想好的答案套進表格中，方法論就幫不了你。
- 這個就很危險，頭痛醫頭，腳痛醫腳。
- 如果推翻所有的思維，會怎麼樣？

- 剎車片有問題，誰說的？定義為何？
- 舉例：為何客戶會退貨？客戶退貨會說什麼？生鏽？還是鉤不住？
- 成熟產品與成熟度還不夠的產品，兩者差異？

3. **可能性選擇：**
- 最好的方法是哪一個？
- 你們打算用哪個方法做？
- 有沒有可能你描述的現況，跟實際的現況有差距呢？
- 有沒有可能你們現在描述問題的原因，這些原因其實你們都知道，如何去思考更多的可能性，有沒有其他的原因造成這樣的問題？
- 有沒有可能你們現在覺得對策有效，過一陣子對策就失效了，那要怎麼辦？
- 你們覺得資料收集滿簡單的，有沒有可能在資料收集的過程中其實很多資料都是假的？

4. **鼓勵與再要求、再挑戰：**
- 接下來我要講的是要讓你們越來越好，這個原因分析我沒意見，但是我建議可以增加三觀法，否則你們的驗證數量會很多。
- 你們這一組戰力是夠的，要不要考慮把目標設定調高？

- 你們在描述問題的時候，其實做得非常好，這個要給你們鼓勵，只是裡面有一些資料，建議你們再量化一點可能會更好。
- 以第一年學問題分析與決策就有這樣的表現，要給你們鼓勵，如果還要再給意見，你們針對原因分析驗證的佐證資料是不夠的，要不要趁這次一起補齊，我相信會更好。

5. **回歸標題再順邏輯：**
- 先看一下這是什麼的流程圖？
- 題目：急單要料。交貨與發料應該也是有價值的步驟。你流程圖的目的是什麼？這張圖要告訴我們什麼事？
- 這個流程圖完整嗎？
- 回到源頭，這張流程圖是為了描述問題還是現況分析？

6. **下小結論再向前推展：**
- 要把你們的經驗與數據化為圖片或客觀值，再把它們補上來。我下一個小小的結論，從客戶的角度就是退貨率是零，如果退貨率是零，為公司節省多少？
- 我知道你們這一次問題解決的效果不錯，但是執行的過程中只有一個月，你要不要再往前收集一個月呢？
- 你們這個對策看起來是有效的，只是這個對策看起來沒有辦法防呆，所以這有可能未來還是有問題，你們也要不要

　　再想看看，還有沒有其他好的對策呢？

　　很多的學員或者是企業人士，只要上過我的公開課或是有經過我的輔導，都會對我的提問力感到很好奇，為什麼老師每次提問都可以命中要害？我已經把我的祕訣寫在這裡了，只要大家善用剛剛提到的方式輪流提問，一定可以大幅提升你的提問能力！

　　另外，單位內常問些什麼，組織就會有什麼風氣。老問數字，在乎賺錢否；常問想法，重視創新；單位重視的價值觀，會反映在提出的問題中。

　　過去在台積電時，常常聽到的是：「我們距離世界第一還有多遠的距離？」所以不知不覺也影響了員工的工作態度與思維。

　　因此也希望各位職場人士，把這些提問力帶到你的組織內部，讓整個組織都充滿了問題分析與解決的提問氛圍，久而久之，公司裡面的問題解決能力必定會上升，每一個人的邏輯能力也會變強，當然公司也會不斷成長喔！

第十章

持續改善創新文化

如何打造持續改善創新的文化

10-1 企業如何打造持續改善創新的文化？

持續改善對組織的重要性

個人在台積電的資歷超過十年，先後待過生產、製造、品保、行銷等部門，2011 年離開台積電之後，發覺台積電有很多東西對一般企業是很受益的，所以我成立了管理顧問公司，結合並網羅志同道合的朋友，其中許多朋友曾經任職於台積電，一起從事兩岸顧問跟企業講師的工作。我相信這樣可以幫助許多臺灣的中小企業，其中一個很重要的部分，就是協助企業打造持續改善創新的文化。

很多人問我：「老師，台積電公司這麼大，它的方法在臺灣的中小企業適用嗎？」我可以很確定的跟大家說，當然可以！這幾年來我協助了不少企業，順利的把持續改善創新 DNA 複製出去，確實可以看到企業內同仁們的成長與數字的反映，還有它的持續改善工具、方法，所以說，所有的創新跟持續改善工具，不會因為企業規模的大小而有所差異。

目前企業面臨到前所未有的挑戰，發現大都面臨到以下的問題：

1. 招募不易。
2. 內部人才難培養。
3. 訂單滿手，團隊戰力卻跟不上。

4. 資深同仁能力落差，新進同仁難上手，戰力斷層。

5. 總經理要人才沒人才。

如果碰到以上的問題，你的想法是什麼？你的做法又是什麼？一般企業的做法可能就是企業培訓，期待透過訓練來培養人才，或者是透過獵頭公司直接找人，但我認為單點上課或是直接找人，可能初期還能過得去，但長期來看，這是一條滿辛苦的路，所以我覺得正確的路應該是要幫公司架一個系統，也就是「學習型組織」，在裡頭納入持續改善的文化。

加上國際需求快速改變，也正考驗企業的體質，所以維持企業體質的根基「持續改善」就變得非常重要！也是所有企業經營者目前非常需要的實戰心法。如何透過持續改善提升企業體質與競爭力，打造學習型組織，在此我提供一些這幾年協助企業的成功經驗與你分享。

「持續改善文化」對一家公司非常非常重要，一般來講，持續改善的文化有幾個優點：

1. 可以營造一個公司的改善環境，同仁會主動相互學習。

2. 同仁會自動自發參與公司「持續改善的活動」。

3. 員工比任何人更了解自己的工作，所以同仁可以針對問題或改善創新的機會，提出可行的解決方案，最後公司給予員工的成就感並激發潛能。

4. 培養員工共同的持續改善觀念跟個人或部門榮譽感！

5. 解決問題慢慢使用系統性方法與工具，同仁解決問題的邏輯也越來越好。

6. 解決公司重大的議題，讓改善效益越來越顯著。

整個持續改善活動的宗旨，是公司的同仁要透過訓練，運用各種的改善手法跟工具啟發個人的潛能，透過團隊的力量跟專案管理的過程，培養同仁系統性思考問題的習慣，最後可以連結到工作的意義跟目的。

每家公司在推行持續改善文化的時候，總是有一個願景跟使命，企業持續改善的願景都是讓同仁成為一個解決問題能力的專才，進而把持續改善的制度變成習慣，然後最後成為國際大廠業界的標竿。

持續改善文化願景

熟悉並善用工具養成系統性思維習慣，
強化問題解決能力。

發揮同儕激勵效果，
形成不斷追求卓越之學習型組織文化。

強化專案管理能力，鼓勵主動承擔，
聚焦整體最優，促進團隊成功。

全員參與，提升公司整體競爭能力，
提升顧客滿意度。持續改善／創新文化　DNA

　　近幾年很多企業找上我們，我常會問他們：「請問你的公司有沒有持續改善的文化？」，我相信有些公司都有在做持續改善的文化，但是這個文化有沒有全面？有沒有一些指標來做衡量？其中有一個重要關鍵就是「導入統一語言」。公司推導任何東西，一定要有系統性的方法．

　　台積電的持續改善稱為 CIT（Continual Improvement Team）活動，這個活動大概是 1996 左右在公司開始發芽，至今已經 25 年左右，成果非常豐碩．而我把台積電的持續改善活動跟制度，加上這幾年兩岸輔導的經驗，並融入教練式的方法與企業變革，把它形成一套方法論，稱為『優化持續改善活動』，簡稱 PCIT，P 是優化（Plus）、C 是持續（Continual）、I 是改善（Improvement）、T

是一個團隊（Team），我們稱為優化持續改善活動，PCIT 的定義，是指內部找相似工作性質或跨部門人員組團隊，透過訓練、運用各種改善創新與專案整合的方法，持續從事各種問題的改善，讓團隊動能發揮且能使每位成員從內在認同，並發揮潛能，進而養成善用工具、系統性思維的習慣與強化問題解決能力。

我們相信很多公司其實都有持續改善，只是他們沒有把持續改善當作一個文化來經營，或者是公司的持續改善活動沒有持續在推動，因此 PCIT 就是要優化公司的持續改善文化或重新建構持續改善文化。

另外「堅持」也相當重要，紮實的 3-5 年磨一劍包含三個層次，第一個層次就是態度，所有的變革、所有的推動都牽涉到溝通與態度。第二個層次是方法論與工具，持續改善還是在解決問題，所以你必須導入一些方法論與工具，而且兩者必須整合應用。第三個層次是種子部隊的培育，只有這些種子部隊才能在公司裡面不斷地發散、深耕。

所以我常在企業內部分享，解決問題的方法跟工具，它不只是方法，也不只是工具，其實問題分析跟解決它應該是一個文化，如果解決問題是一個文化，那要如何把它架構起來呢？如果已經做得不錯，如何再優化？

當年我在台積電的時候，發現台積電有一個文化，就是他們在學任何一個東西，都不是單純學一個方法論跟工具，他們會以一個實戰的專案方式來學方法論跟工具，當你是用一個實戰的方式在學

方法論跟工具，你會發現同仁非常的投入去學這個方法，而且他會發現這些方法原來可以解決我的問題，這樣他就不會覺得這些方法是在增加他的 loading。」所以我這幾年在輔導企業時，也運用以戰養練，用實戰的方式來幫助大家學習這些方法論跟工具。

　　至於一家公司要如何推行持續改善文化呢？我來講兩個故事：
故事一：台積電
　　分享當年我在台積電的親身經歷，有一天，我的主管說，我們部門要有 CIT 的件數，這是我們部門的 KPI，就是今年 CIT 要出兩件，是否你今年的專案就以 CIT 的方法論來完成，也希望你能代表參加我們這個單位的競賽，這是我最早接觸 CIT 的經驗。過程中我發現，當時台積電內部有非常多 CIT 的資源，有線上課，有實體課，你不懂還有人幫你輔導，而且台積電內部還有很多 CIT 的架構與制度，我也就因為這個任務而投入了 CIT。接著主管又希望我參加台積電全公司 CIT 的競賽，我覺得困難度太高，但主管鼓勵我，也幫我尋找台積電內部的 CIT 專家來協助我，我也才了解原來台積電內部有好多我不知道的資源，因此：「也唯有你去參加這樣的競賽，在過程中你才會學到非常多的東西。」

故事二：岱稜科技
　　這家公司在台南的麻豆，是燙金箔的領導品牌，他們很喜歡上課，但是這些單點上課或直接找人，並沒有增加組織的能力。他們

因緣聚會找到品碩創新，我們花了約四年時間，把 PCIT 植入到這家公司。第一年，我們開始做 Mindset 的 change，我們讓改變發生。接下來我們在建構持續改善文化中，植入了八個構面，分別是：系統性問題分析與解決的方法工具、建立完整持續改善活動的體系、連結企業營運績效、培育主管指導的能力、建立知識庫及學習分享、晉升及獎勵制度、提升客戶滿意與深植企業文化，這些也都跟晉升與獎勵掛勾，而他們是從客戶的角度來成立 PCIT 專案。

回顧他們的歷年推行效益，輔導員合格人數就有 10 位，每年策略專案約 3~5 個，這幾年累積的成本效益都超過千萬以上，全公司參與持續改善的參與率高達 70% 以上，也由於這些專案改善都是跨部門的專案，因此跨部門的溝通協調也比之前改善非常多，我們也建立一本 PCIT 指導手冊，這在當年的台積電是一本聖經。台積電在推持續改善，希望讓整個組織的問題解決能力提升，當年就有一本大概 100 多頁的指導手冊，我們放在網站上提供所有同仁學習。

公司以前招募員工，因為是傳產，不容易留住員工，假設有一位從電子業過來的工程師，可能因為比較熱的老式工作環境，常常留不住人才。自從導入 PCIT 之後，就有一位工程師說，他看到公司積極投入持續改善的堅持，也看到公司的熱情與企圖心，還有過去沒有的跨部門溝通與交流，所以他決定留下來一起打拼，真的令人感動。

以上兩個故事都是很真實的案例，任何一家公司如果要執行 PCIT 的建置，建議一定要有以下的五個構面，說明如下：

1. 組織理念與績效

組織理念也就是高階主管的支持，不只是嘴巴講，他必須要有很多的行動，植入組織持續改善、勇於嘗試的理念。在整個 PCIT 有幾個指標，例如：參與率，專案件數，節省效益，參與部門數目，內部講師數目等等指標，都必須每年做規劃，這些指標的方向，就會決定持續改善的方向，因此可以透過每年年底的策略會議來做規劃。

2. 解決問題的方式改變

我們發現台灣中小企業解決問題的方式都是靠經驗，但經驗在組織內是沒辦法傳承的，就會形成組織中有人很強，有人很弱，所以我們必須引進一套解決問題的方法論，而且要重視跨部門溝通。這幾年，我們在企業發現，單一部門的改善比較普遍，但是跨部門的改善則比較少，也許可以透過 PCIT 讓跨部門的溝通跟改善不斷地發芽、深耕。

3. 領導風格與效能

過去主管的領導風格可能都是責備式比較多，或者是直接給部屬答案，在持續改善文化中，主管的領導風格要做調整，多多鼓勵同仁利用 PCIT 裡面所教的工具跟方法，應用到工作的日常中，另

外也把持續改善的精神跟 DNA 融入日常的管理的運作中，主管在整個 PCIT 是一個很重要的角色，只有你們改變，下面的同仁就會跟著改變，改變的速度就會快。

4. 建立整體制度

推 PCIT 的過程中要有專人專職，如果公司是要玩真的，那就必須要有專人專職，另外你必須成立一個委員會，還有競賽活動。當年台積電在推 CIT，他們的競賽活動已經變成一個企業文化。另外在建立制度，還需要規劃晉升與績效，共通語言必修課，PCIT 活動指導手冊，日常 8P 運用與 PCIT 網站等。

5. 人才培育

我們在推任何的變革，不是由 CEO 直接施壓，而是從同仁內心不斷地做改變，這樣才能由內而外的看見，因此團隊動能活化再推動時，是很重要的。另外一個是希望培養員工解決問題的能力，也就是關鍵人才的養成。例如：輔導員與組長的培訓，參與專案改善的同仁，內部講師的培育。

一般來說，企業要導入持續改善的文化，我們建議可以規畫五年的時間，整個持續改善地圖如下：

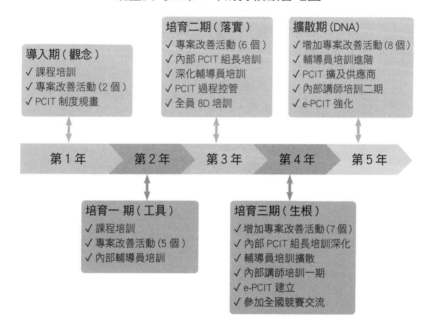

規畫公司未來 5 年的持續改善地圖

導入期（觀念）
✓ 課程培訓
✓ 專案改善活動（2 個）
✓ PCIT 制度規畫

培育二期（落實）
✓ 專案改善活動（6 個）
✓ 內部 PCIT 組長培訓
✓ 深化輔導員培訓
✓ PCIT 過程控管
✓ 全員 8D 培訓

擴散期 (DNA)
✓ 增加專案改善活動(8 個)
✓ 輔導員培訓進階
✓ PCIT 擴及供應商
✓ 內部講師培訓二期
✓ e-PCIT 強化

第 1 年　第 2 年　第 3 年　第 4 年　第 5 年

培育一期（工具）
✓ 課程培訓
✓ 專案改善活動（5 個）
✓ 內部輔導員培訓

培育三期（生根）
✓ 增加專案改善活動(7 個)
✓ 內部 PCIT 組長培訓深化
✓ 輔導員培訓擴散
✓ 內部講師培訓一期
✓ e-PCIT 建立
✓ 參加全國競賽交流

　　由於企業的目標是培養同仁們成為具解決問題能力的長才，具邏輯思維突破實力以及讓企業具國際級實力與體質，在規畫五年的持續改善地圖中，也需要提升每一位同仁的解決問題能力，因此企業可以參考我們規畫的「PJ 法問題分析與決策」方法論學習地圖。

「問題分析與決策 PJ 法」
方法論學習地圖

	新手	生手 (需練習)	熟手 可獨當一面尚可 指導他人異常狀 況需指導	專家 可指導他人且可 持續改善
知識	8P方法論 基礎工具	8P的細節 工具的使用與時機	8P邏輯前後呼應 輔導心法與工具熟 練	8P進階 輔導進階 評審知識與方法
技術	會執行異常型8P的專 案	改善型8P 會使用工具	會輔導別組 進階使用工具 可內講0.5天	輔導員熟手 正式評審 可內講1-2天

這幾年我幫企業輔導的時候，發現每家公司在持續改善活動跟文化上，有八個非常關鍵的成功因素，說明如下：

1. 公司從上到下有共同解決問題的語言與工具，而且每年要持續不斷的精進。
2. 全員參與持續改善活動。
3. 追求專案持續改善的數量與品質。
4. 持續滿足客戶要求。
5. 專人專職來推動與控管。
6. 建立持續改善的制度與辦法。
7. 與個人、部門績效掛勾。
8. 每年協助公司節省可觀成本。

　　每家公司如果都能做到這八個關鍵要素，從公司的價值觀與管理方式，結合 PJ 法的步驟以及基本的日常工作思維，就可以形成一套屬於公司在持續改善解決問題上，一張非常棒的系統圖。

　　過去二、三十年來，臺灣有很多公司都在推行持續改善，但為什麼其中許多企業推行數年，整個持續改善的文化還是沒有上來呢？所有的持續改善創新回到源頭，其實就是解決問題，首先公司內部同仁真的要熟悉而且善用一些改善的工具跟手法，在平日就養成系統性的思維習慣，讓每個同仁都有問題分析解決的能力。接著要發揮同儕激勵的效果，強化專案管理的能力，鼓勵主動承擔促進團隊的成功，進而形成不斷追求卓越的組織文化，提升公司整體的競爭力。

　　最後再提出三點重點的觀察：

1. 硬實力＋軟實力：CIT 跟 PJ 方法是軟實力的架構，初期看不到效益，但長期下來就很厲害了，當景氣好的時候你看不出來，景氣不好的時候軟實力就很重要。
2. 要成為某產業的標竿，沒有持續改善制度跟方法，其實是很辛苦的。
3. 光一家公司強沒有用，整個生態系統（Ecosystem）都有持續改善的 PJ 法語言跟工具，競爭力才會強大。

10-2 讓問題分析與決策系統性方法論 成為企業的 DNA

　　這幾年我最常被學生問到的一個問題就是：「台積電是一家 國際性的大廠，而且福利相當好，請問老師為什麼當年會想離開 呢？」

　　我的答案當然有我個人的看法，然而每當我回答完之後，他們 才覺得老師講得沒有錯，人生真的要有一個夢想，不要在同一家公 司待一輩子，這樣你的人生要是回憶起來，可能就不那麼精彩了！ 當然，這是每個人的選擇，沒有對跟錯的問題，只要想清楚自己的 人生目標就可以了，總之要聽聽自己內心的聲音。

　　記得有一次幫一家國際型的科技大廠上課，下課的時候被一個 學員問了一個問題：「老師之前在台積電待過，我們都知道台積電 很難進去，裡面工程師的學歷很多都是臺大、清大、交大、成大等 等，這些學歷的工程師占了台積電多大的比例呢？」

　　我當下並不知道答案，事後查了一下，來自這些頂尖學校的畢 業生，約占了台積電工程師 80% 左右。

　　之後我就常常用這個觀點跟其他中小企業分享：連台積電那麼 優秀的員工，每一個都來自臺灣赫赫有名的大學，這些高知識分子 在公司內部解決問題時，他們還是需要用系統化的解決問題方法。 而這些中小企業的學員們，如果大家認為自己的資質與台積電的學

員有差距，我們是不是更應該學方法論呢？否則怎麼跟強者為伍？而且系統性的解決問題方法論，在台積電還是每位工程師必修的一門課呢！

在此我想分享一段小故事。有一間國際大廠，他們為了解決某個製程上的創新跟突破，讓這個製程更有效率，也讓這個製程在生產過程中成本可以更低，更要突破製程上的某些極限，因此他們就成立了一個專案。

當專案成立之後，他們找了三位博士生加入這個專案，這三個博士都發揮他們研究的精神，不斷在這問題上做研究跟發展，也看了非常多的文獻。過程中也常跟主管討論，但是經過了一年以後，這三位博士生仍然沒有解決當時成立專案的問題。原因是他們還是用個人的經驗跟「try and error（試誤法）」的方式，試圖想用這方式去解決問題。

最後這個專案宣布失敗，這三位博士中有兩位就離開了公司，留下來的這一位，有一點不服輸的精神，因此他就尋找其他部門的協助。他得知在公司內部有個部門，他們可以使用一些系統性的方法，可能有機會解決這樣的問題，後來這位博士生就把專案的來龍去脈與此部門的同仁分享，在他們的協助下，應用了系統性方法論來解決這樣的問題。

這個小故事給了你什麼啟示呢？

解決問題不僅靠專業和經驗，學習系統性的創新方法論來解決問題更為關鍵！因此這幾年我在企業授課，都鼓吹讓問題分析決策

的系統性創新的方法論可以成為企業的 DNA。

我想把我過去在台積電的經驗，再加上這幾年從事專業講師跟顧問的經驗，根據這些將近二十年從事問題分析決策相關的工作所整理出來的方法論，全部分享給有需要的各位。

「知識留在自己身邊沒有用，持續傳遞給人，讓人活用才是對的。」內心裡一直有這樣的聲音，抱持這樣的想法與理念，期望這個已趨近成熟的專業方法論可以協助更多想要改善體制以及持續創新成功的你！

讓系統性方法論成為企業的 DNA

我們可以輕易觀察到，每家大型科技廠與企業一定都會在企業內導入方法論。期望協助有心突破更上一層的企業，將有系統、有步驟的專業方法論帶入企業營運、流程、研發、客戶服務、創新改善等等，讓企業在日常運營中，有架構有逐步的進步基礎。藉由每解決一個問題，還能同步讓企業內同仁能力一次次更熟悉專業方法論，解決問題的能力逐步晉級，解決問題的經驗也能有架構的傳承下去，易於未來取用與活用，進而提升企業整體人力素質與企業體質，擁有整體性解決問題的速度與效能。

系統性方法論對企業的重要性

為什麼系統性的問題分析解決的方法論對企業那麼重要呢？如果企業沒有導入系統性的方法論，極有可能會發生以下三點問題：

1. 問題一而再再而三發生，不斷被問題追著跑。
2. 如何在團隊間達成共同語言？有相當的困難性，企業人數越來越多時瓶頸就會發生。
3. 企業內總是靠經驗直覺解決問題，主管總有一天無法負荷。

有導入系統性問題分析解決方法論的企業，他們在解決問題上就會有共同的語言，在基礎上可以減少很多溝通協調時間，企業體質也會更加紮實、更進步，當然解決問題就會慢慢的有效率，企業要持續良好發展重要的一個軟實力，一家企業有技術上的硬實力，讓公司發展到一定的水準，唯有硬實力加軟實力才能更上層樓。

- **系統性方法論對企業的五個好處**
    1. 用科學性方法來解問題，不再只靠經驗與直覺。
    2. 方法論才有辦法變成企業的 DNA。
    3. 方法論才有辦法做企業技術技能的傳承。
    4. 有方法論的堅實基礎，才能順順的接大單。
    5. 企業內同仁能力會有顯著成長：同仁會感受到自己在成長，而非只是日復一日被層出不窮的問題消耗與磨損，有方法論容易教別人，是本質性的軟實力，熟習後都可在各行各業生存與運用。

系統性方法論的重要性循環圖

減少溝通摩擦　企業體質更加紮實進步　在一個基礎上進步

更有效率解決問題

這是企業要有持續良好發展重要的軟知識軟實力，一家企業有技術上的硬實力能讓公司到一定水準，唯有硬實力加軟實力才能更上層樓

共同快速看到盲點

有系統方法論　有共同語言　可在基礎上溝通協調

　　運用「系統性方法論的重要性循環圖」，讓解決問題的經驗有架構傳承下去，也容易在未來取用更活用，進而提升企業整體人力數值與企業體質，最後並擁有整體性解決問題的速度跟效能。

　　為了讓 PJ 方法論可以深入企業裡面，成為企業解決問題的 DNA，因此我們發展了三個階段的地圖，從導入期、培育期到落地期，最後擴散階段成為企業解決問題的 DNA，讓系統性問題分析解決的方法論在企業內部持續深化與廣化！

第一階段運作重點	系統知識啟蒙建構與落地演練
第二階段運作重點	擴大專案改善活動；相關制度建構與啟動
第三階段運作重點	內部專業輔導員與講師培育；相關制度落實

10-3 透過變革，導入持續改善的 DNA

　　想要在快速變動的時代生存下去，企業必須持續改變、持續進步，才有機會超越競爭對手。這使得各種變革專案的推動變得勢在必行。變革有小有大，小的變革可能是在部門內推行一個新的做法，大的變革可能是事業單位和事業單位的合併。在這樣的情況下，某些人的角色和職掌會有所改變。

　　然而，許多員工在面對變革的第一時間，通常會抱著抗拒的心態，因為他們：

1. 已經熟悉了原本的工作。
2. 需要花時間學習不熟悉的業務。
3. 在適應過程中，工作難度和工作量可能會隨著增加。
4. 不了解公司為什麼要做出改變。
5. 覺得自己能力不足（能力因素佔的比例較小，因為這部分可以透過教育訓練來補足）。

　　若主管在協助公司推動變革時，發現同仁因上述原因而不願意擁抱改變，不妨運用下列四個方法：

方法一：不斷溝通，創造危機感

　　事實上，許多變革都是高階主管說推動就推動，員工往往只能被動接受。雖然推動變革的原因，可能是公司看到了未來的危機或

者是機會，但若沒有告訴員工原由，只是要求大家接受，這樣只會造成人心惶惶。因此，幫助員工擁抱變革最理想的方法，就是溝通再溝通。

根據我在企業的經驗，變革大致會分成四個步驟：

首先，公司會「召開溝通大會」。開會前，相關人員可以根據事先發放的計畫書，思考開會時想要討論哪些議題。當會議正式開始，公司做的第一件事就是告訴大家，未來我們要進行哪些調整，以及為什麼這麼做的原因，例如因為競爭對手採取了某項行動，我們必須進行某些改變。會議時間約一小時，期間公司必須聆聽員工的想法。

第二步就是開始展開行動。隨著變革的啟動，某些員工可能會因為輪調而移動到別的部門，桌牌、名片和文件等行政相關的事物也會跟著一一修改。接著，待變革推行一段時間後，會進到第三步的「舉辦檢討會議」，檢討過程中有哪些地方可以改善。

第三步為不定期舉辦檢討會議。在舉辦檢討會議中，相關的人都要參與會議，建議利用便利貼的方式來進行會議，並檢討過程中有哪些地方可以改善。

第四步是進行再次溝通。再溝通指的是告訴員工變革的成果如何，例如變革前，客戶滿意度滿分五分，我們拿了四分；變革後，我們的滿意度上升到四 · 五分。這些成效同時也是高階主管的關鍵績效指標（KPI）之一。

在變革的四個步驟中，第一、第三和第四步的重點都是和員工

談話，顯示了溝通是變革專案中非常重要的一環。因此，當主管在和員工溝通時，必須特別注意想要傳達的訊息。以下兩點為談話時務必涵蓋的內容：

1. 變革的原因是什麼。主管應該要把變革的層級拉到公司的角度，告訴大家來龍去脈，以及為什麼我們要推動這項變革。
2. 列舉成功和失敗的案例，創造危機感。明確的告訴員工，推動這項變革有什麼好處，不推動又會有什麼壞處。主管不妨列出產業標竿，舉出哪些競爭者因為導入新流程，業績大幅成長；哪些公司則因為拒絕變革，最後走向失敗。也就是說，公司必須為員工創造危機感。

溝通與創造危機感都是高階主管的工作。此外，要特別注意的是，溝通大會必須分部門舉辦，而且不是辦一次就夠了。若公司只辦了一場兩、三百人的大會，那不是溝通，而是宣布消息。

即便是比較強硬的變革，也還是要有雙向溝通的空間。不管溝通的結果如何，公司最後仍會推行變革，但它必須傾聽大家的想法，在大方向不變的前提下，根據員工的建議調整細節。若公司沒有做到這一點，溝通大會就失去了原本的意義。

方法二：透過提問，幫助員工調整心態

藉由提問，主管可以幫助員工在平常的工作中，培養樂意改變的心態。舉例來說，台積電的某些部門擁有「每年改變 10%」的文化，員工會在年初時問自己：「和去年相比，我今年可以做出哪

10%的轉變？」公司將變革轉化為一種共識，植入在團隊的 DNA 裡，讓員工覺得「改變」是必然的事情。

在這樣的文化氛圍中，主管每年都會問員工：「你今年有哪 10%要改變？」或是「關於明年的專案，你有沒有哪裡想做些不一樣的改變？」通常，那些願意每年都嘗試改變的人，就是大家所謂的一流人才。

此外，第三方的協助也是促使員工改變的催化劑。主管和員工相處的時間很長，由於對彼此太過熟悉，員工有時並不清楚主管是認真想要變革，還是只是隨口提到。因此高階主管不妨尋求外部專業人士的支援，將變革的想法確實傳達給員工，或是透過提供教育訓練，讓員工了解公司想要變革的心意，鼓勵他們一起轉換心態。

方法三：打造願景，激發員工企圖心

若公司一直都很賺錢，員工抗拒變革的心態反而會很明顯，因為大家認為，現在的狀態已經很好了，沒必要做出改變。面對這樣的情況，公司必須打造一個激勵人心的願景，激發員工的企圖心，讓大家了解利潤不是唯一的目標。

願景會驅動員工做出改變，它必須讓同仁擁有一種榮譽感，促使他們願意主動學習和改變。好的願景應該要讓人覺得有點距離，但又沒有這麼遙不可及。此外公司也要讓員工知道，若想達到願景，大家每年應該做哪些事。

舉例來說，若某家成衣製造商想在三年內從全球第四大晉升

為全球第三大（有點挑戰卻可能達成的願景），第一年，他們便採取行動，挖角競爭對手的業務主管。接著，公司內部的海報和識別證也跟著改變，放上「三年後，公司要從第四大變成第三大」的標語。辦公室的氛圍時刻都圍繞著願景，不論是開月會、季會或是任何一場供應商大會，所有主管都在討論這件事。當員工執行任何一項任務時，大家都會問：「若公司要成為產業第三大，我們還可以做什麼？」

只有在員工認同公司的願景時，大家才能長久地走下去。若某位員工對組織缺乏認同感，那麼不論公司是否推動變革，對方早晚都會選擇離開。因此，公司應該創造屬於自己的文化，吸引認同這些理念，擁有相同價值觀的人才加入。

方法四：建立落實變革的制度

變革只是一個過程，重點是變革後持續落實改變。因此，變革必須伴隨著制度和績效考核，否則變革可能當下成功了，一年過後卻又消失不見。換句話說，任何一種變革在落地之後，若沒有綁著制度，便無法形成持久的行為或文化。

舉例來說，若某家公司的員工在處理事情時，總是依賴著直覺與經驗，造成服務品質不斷下滑。為了解決這個問題，公司想推動變革，鼓勵員工運用一套固定的流程來執行任務。

這時，你應該同時建立一項制度，要求大家每年都要運用這套流程，至少完成一項專案，並將這件事訂為一項 KPI。若這套流程

確實能改善員工的工作，久而久之，大家就會漸漸養成習慣，採用新的方法來執行任務，而不再只是憑著直覺來做事。

此外，若員工能認同，公司每隔一段時間便推動一次變革，這時，你應該設立專人專職來處理變革的事務。每次的變革經驗，都是非常寶貴的知識，這些專門負責變革專案的同仁，能夠整理許多推動變革的技巧，讓未來的變革變得越來越好。

由於產業變化快速，現在一家公司小到部門、大到組織，每半年到一年推動一次變革，應該是十分自然的事情。每家公司都在變革，若員工因為不想改變而離開公司，去到別的地方也還是會遇到相同的狀況。

因此公司應該要讓員工了解，每一次的改變都是在協助他們成長。鼓勵他們珍惜在變革過程中所學到的所有事物，促使大家將變革視為增強能力的機會，而不是一件增加他們工作負擔的麻煩事。

附錄 1：常見問題分析與決策症狀評量表

請依各項目以 1 至 10 分自我評分，程度越強越接近 10 分，程度越弱越接近 1 分，滿分為 100 分，請就問題分析與決策常見痛點症狀評分。

項目	分數
1. 頭痛醫頭，腳痛醫腳（沒有找到關鍵問題來解決或是沒有找到真正的原因來解決）	
2. 慣性思維處理問題，陷在既有框架中（沒有方法，沒有工具，都靠經驗，有使用方法／工具，只是經驗或主觀意識凌駕在方法／工具上）	
3. 常會怪罪時間不夠而無法好好分析與解決問題	
4. 在問題是什麼（定義）都不清楚之前，就妄下解決方法	
5. 對策不夠創新或對策缺乏副作用的分析	
6. 上面主管叫你做什麼專案，就毫不思考去做（官大學問大，老闆說了算）	
7. 問題解決不久後，又再度發生（缺乏建立預防再發的程序或系統）	
8. 問題解決完沒有做好知識管理	
9. 未有查核支持證據之前，就認定問題與原因（難以有效整合意見）	
10. 在執行之後，忽略追蹤績效	

評量總分：

70-100 分：重症。

30-70 分：有一些普遍症狀，但不是最嚴重。

10-30 分：問題分析解決高手，只有很少數的症狀。

附錄 2：PJ 法問題分析與決策能力量表

請依據各項目以 1 至 10 分自我評分，程度越強越接近 10 分，程度越弱越接近 1 分，滿分為 100 分。

項目	分數	評分時可參考的項目
1. 發現問題的意識		· 發現問題的意識強弱 · 可以看出別人沒看到的問題 · 清楚定義問題的程度
2. 如何挑選問題的能力		· 主題選定是否有相關準則 · 設定問題解決目標是否有相關準則 · 問題解決後之效益評估合理性
3. 與人合作處理問題的能力		· 是否會主動尋求利害關係人參與解決問題 · 組織架構人員分工合理 · 時程安排是否合理
4. 如何描述問題與現況分析的能力		· 描述問題有無使用工具 · 描述問題是否有量化（用數字代替形容詞） · 描述問題的深度與廣度 · 現況分析完整性 · 目標設定有無原則

5. 如何找出有效的暫時對策的能力		· 防堵措施的有無 · 暫定對策有效性
6. 如何找出問題原因的能力		· 是否有大量列出可能原因 · 選定潛在原因是否有準則 · 是否有驗證根本原因
7. 如何做決策的能力		· 是否有大量列出可能對策 · 是否有思考可能副作用？以及如何排除副作用？ · 是否有驗證最適的永久對策？
8. 如何預防問題不再發生的能力		· 是否有針對潛在問題分析 · SOP 標準化的程度
9. 如何收集與分析資料的能力		· 如何設計表格收集資料 · 收集資料的完整性與正確性 · 使用合適的工具來分析 · 圖型的呈現簡單易懂 · 圖型分析後能提出關鍵的結論或重點
10. 解決問題的動力與意願		· 自主、主動去解決的企圖心 · 合理範圍內能勇於承擔責任 · 接納承接問題，面對與採取行動處理 · 在意承受問題，參與支援配合事項

附錄 3：三大 PJ 法模板步驟

全 8P：31 個步驟

P1
- 1.1 選定主題
- 1.2 選題理由
- 1.3 判定類型
- 1.4 建立團隊
- 1.5 擬定行動計畫

P2
- 2.1 描述問題
- 2.2 盤點現況
- 2.3 掌握差異及分析資料
- 2.4 設定目標
- 2.5 效益分析

P3
- 3.1 列出可能暫時對策
- 3.2 選定最適暫時對策
- 3.3 執行暫時對策或防堵措施

P4
- 4.1 列出可能原因
- 4.2 選定可能原因
- 4.3 驗證可能真因

P5
- 5.1 發展可能對策
- 5.2 評估及選定最適策
- 5.3 測試及驗證最適策
- 5.4 檢討最適策之副作用

P6
- 6.1 發展執行計畫
- 6.2 探討實施步驟之風險
- 6.3 執行永久對策
- 6.4 確認執行效果

P7
- 7.1 分析對策的潛在問題
- 7.2 建立或修改監控與預防系統
- 7.3 建立或修改標準 (SOP)
- 7.4 執行相關之教育訓練

P8
- 8.1 反省活動的過程與結果
- 8.2 延伸擴大效益與規畫未來
- 8.3 彙整與知識管理

中 8P：17 個步驟

P1	
	1.1 選定主題
	1.2 選題理由
	1.3 判定類型
	1.4 建立團隊
	1.5 擬定行動計畫

P2	
	2.1 描述問題
	2.2 盤點現況
	2.3 掌握差異及分析資料
	2.4 設定目標
	2.5 效益分析

P3	
	3.1 列出可能暫時對策
	3.2 選定最適暫時對策
	3.3 執行暫時對策或防堵措施

P4	
	4.1 列出可能原因
	4.2 選定可能原因
	4.3 驗證可能真因

P5	
	5.1 發展可能對策
	5.2 評估及選定最適策
	5.3 測試及驗證最適策
	5.4 檢討最適策之副作用

P6	
	6.1 發展執行計畫
	6.2 探討實施步驟之風險
	6.3 執行永久對策
	6.4 確認執行效果

P7	
	7.1 分析對策的潛在問題
	7.2 建立或修改監控與預防系統
	7.3 建立或修改標準 (SOP)
	7.4 執行相關之教育訓練

P8	
	8.1 反省活動的過程與結果
	8.2 延伸擴大效益與規畫未來
	8.3 彙整與知識管理

小 8P：6 個步驟

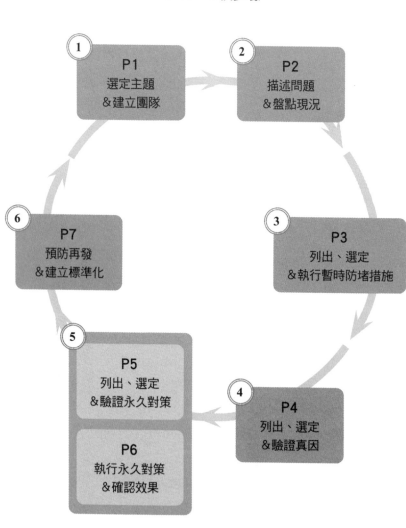

附錄 4：PJ 法問題分析與決策工具清單

P1：選定主題＆建立團隊

P1 步驟 　　　　　 工具	矩陣圖	組織圖	ARCI 表	甘特圖	問題判斷圖
Step 1 選定主題	✓				
Step 2 選題理由					
Step 3 判定類型					✓
Step 4 建立團隊		✓	✓		
Step 5 擬定行動計畫				✓	

P2：描述問題＆盤點現況

P2 步驟 　　　　　 工具	5W2H	柏拉圖	層別法	流程圖
Step1 描述問題	✓			
Step2 盤點現況				✓
Step3 掌握差異及分析資料		✓	✓	
Step4 設定目標				
Step5 效益分析				

P3：列出、選定＆執行暫時防堵措施

P3 步驟 ＼ 工具	矩陣圖	PDCA
Step 1 列出可能暫時對策		
Step 2 選定最適暫時對策	✓	
Step 3 執行暫時對策或防堵措施		✓

P4：列出、選定＆驗證真因

P4 步驟 ＼ 工具	Why Why 分析	三觀法	PDCA
Step1 列出可能原因	✓		
Step2 選定可能原因		✓	
Step3 驗證可能真因			✓

P5：列出、選定＆驗證永久對策

P5 步驟 ＼ 工具	系統圖	決策分析法	PDCA	創意五招
Step 1 發展可能對策	✓			✓
Step 2 評估及選定最適策		✓		
Step 3 測試及驗證最適策			✓	
Step 4 檢討最適策之副作用			✓	

P6：執行永久對策＆確認效果

P6 步驟 ＼ 工具	甘特圖	風險表
Step 1 發展執行計畫	✓	
Step 2 探討實施步驟之風險		✓
Step 3 執行永久對策		
Step 4 確認執行效果		

P7：預防再發＆建立標準化

P7 步驟 ＼ 工具	潛在問題分析表	落實標準化追蹤表
Step 1 分析對策的潛在問題	✓	
Step 2 建立或修改監控與預防系統		✓
Step 3 建立或修改標準 (SOP)		✓
Step 4 執行相關之教育訓練		

P8：反思未來＆恭賀團隊

P8 步驟 ＼ 工具	反思表
Step 1 反省活動的過程與結果	✓
Step 2 延伸擴大效益與規畫未來	
Step 3 彙整與知識管理	

彭建文 PJ 法

高效工作者的問題分析與決策：世界級的企業這樣子解決問題，
透過 PJ 法的「步驟＋工具表格＋思維＋心法」，快速提升解決問題的能力！

作　　　者／彭建文
美 術 編 輯／孤獨船長工作室
責 任 編 輯／許典春
企 畫 選 書 人／賈俊國

總　編　輯／賈俊國
副 總 編 輯／蘇士尹
編　　　輯／高懿萩
行 銷 企 畫／張莉榮‧廖可筠‧蕭羽猜

發　行　人／何飛鵬
法 律 顧 問／元禾法律事務所王子文律師
出　　　版／布克文化出版事業部
　　　　　　台北市南港區昆陽街 16 號 4 樓
　　　　　　電話：(02)2500-7008 傳真：(02)2502-7676
　　　　　　Email：sbooker.service@cite.com.tw
發　　　行／英屬蓋曼群島商家庭傳媒股份有限公司城邦分公司
　　　　　　台北市南港區昆陽街 16 號 8 樓
　　　　　　書蟲客服服務專線：(02)2500-7718；2500-7719
　　　　　　24 小時傳真專線：(02)2500-1990；2500-1991
　　　　　　劃撥帳號：19863813；戶名：書蟲股份有限公司
　　　　　　讀者服務信箱：service@readingclub.com.tw
香港發行所／城邦（香港）出版集團有限公司
　　　　　　香港九龍土瓜灣土瓜灣道 86 號順聯工業大廈 6 樓 A 室
　　　　　　電話：+852-2508-6231 傳真：+852-2578-9337
　　　　　　Email：hkcite@biznetvigator.com
馬新發行所／城邦（馬新）出版集團 Cité (M) Sdn. Bhd.
　　　　　　41, Jalan Radin Anum, Bandar Baru Sri Petaling,
　　　　　　57000 Kuala Lumpur, Malaysia
　　　　　　電話：+603-9057-8822 傳真：+603-9057-6622
　　　　　　Email：cite@cite.com.my
印　　　刷／卡樂彩色製版印刷有限公司
初　　　版／2020 年 2 月
初 版 8 刷／2024 年 7 月
售　　　價／400 元
Ｉ Ｓ Ｂ Ｎ／978-986-5405-26-7

城邦讀書花園　布克文化
www.cite.com.tw　www.sbooker.com.tw

【提升解決問題能力《國際PJ法》培訓金字塔】

運用《國際PJ法》建構以「問題分析與決策」為共同語言及系統思維的企業文化，打造持續學習型組織，提升競爭力！

等級	等級能力描述
專家	在處理複雜問題時，能辨識問題背後的問題，層層拆解找出原因，提出解決方案。
熟手	能解讀從不同來源蒐集之資訊，並以系統性的推理方式尋求解決方案。
上手	能對於工作上所遇到的問題做出基本分類，進行評估並產出解決方案。
新手	能對於例行工作上所遇到的問題，可以做出簡單的解決方案。
其他專案	工作有問題待解決，需要問題分析與決策工具、方法，都能透過選修課程獲得幫助。

* 所有課程皆可選擇「結合 / 不結合」ChatGPT 來進行培訓

企業內部達人培養

專家
- 進階版問題分析與決策實戰營
- 問題分析與決策內部講師培訓
- 問題分析與決策專家必備的洞察力
- 哈佛式的問題分析與決策案例研討
- 問題分析與決策必備的教練引導力（進階）

中階主管
資深基層主管

熟手
- 問題分析與決策實戰營
- 「系統思考」與「效率決策」
- 主管必備的「提問力」
- 問題分析與決策必備的教練引導力（入門）

基層主管
一般同仁
工程師

上手
- 問題分析與決策一頁式PRA（Problem、Root Cause、Action，簡稱PRA）
- 工作流程改善與創新
- 高效能思考邏輯：國際PJ法邏輯術（進階）
- ChatGPT應用（進階）

一般同仁
新手同仁

新手
- 工作任務與規劃達成一頁式TM（Task Management）
- 高效能思考邏輯：國際PJ法邏輯術（入門）
- ChatGPT應用（入門）

掃描詢問課程

在工作上有特定問題
需要解決的同仁

專題式課程
不分級皆可選修
- 問題拆解的技術
- 尋找問題背後的問題
- 如何辨識正確的問題
- 突破你解決問題思維慣性
- 解決陌生問題的心法與技法

v.0.9

【彭建文的品碩創新學院－線上學習課程推薦】

後疫情時代，企業與職場人士迫切需要「高效能管理法」以強化自身的競爭優勢。為此，擁有超過20年企業培訓經驗的彭建文老師，將豐富的教學內容集結成線上課程。內容涵蓋實用工具及高效工作方法，讓學員能夠以數位學習的方式強化自身的技能。

《國際PJ法™》20集關鍵技術
提升解決問題的邏輯思考力
數位學習課程001

《國際PJ法》20集關鍵技術：提升解決問題的邏輯思考力

擁有「問題分析與解決」思維非常重要，推薦學習這套淬鍊於台積電的《國際PJ法》方法論！

#問題分析與解決 　#邏輯思考 　#台積電

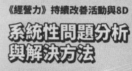

《經營力》持續改善活動與8D
系統性問題分析與解決方法
數位學習課程002

《經營力》持續改善活動與8D介紹：系統性問題解決方法

台積電「持續改善活動」為員工培養共同的價值觀和榮譽感。你的公司是否也需要這種文化？

#8D問題解決 　#持續改善文化 　#台積電

《溝通力》問題陳述與回應力
提升對話品質發揮影響力
數位學習課程003

《溝通力》問題陳述與回應力：提升對話品質發揮影響力

別成為因為溝通不良而失敗的人，用零碎時間，每次調整0.01，學習如何自信清晰地表達自己！

#問題陳述 　#溝通能力 　#影響力

《數據力》職場人的必備技能
用 Power BI 幫你做數據分析
數位學習課程004

《數據力》職場人的必備技能：用PowerBI幫你做數據分析 - 基礎入門

一流企業需要具備「數據思維」的人才！學會運用Power BI讓你的職場競爭力，再上一層樓！

#商業洞察 　#數據分析 　#Power BI

若你對課程內容感興趣，歡迎掃描 QR-code 了解更多課程說明。
企業購買品碩創新學院的線上課程，歡迎來信諮詢：service@pinshuoi.com